Manuel de taxidermie

Un guide complet sur la collecte et la préservation des oiseaux et des mammifères

Charles Johnson Maynard

Writat

Cette édition parue en 2023

ISBN : 9789359253862

Publié par
Writat
email : info@writat.com

Contenu

INTRODUCTION.

Il y a vingt-cinq ou trente ans, les collectionneurs amateurs d'oiseaux étaient rares ; en fait, sauf dans le voisinage immédiat des grandes villes, les individus qui passaient leur temps libre à rassembler des oiseaux dans le seul but d'étudier, étaient si rarement rencontrés que, lorsqu'ils se produisaient, leur occupation était si inhabituelle qu'elle suscitait les commentaires. de ses voisins, et il est devenu célèbre à des kilomètres à la ronde comme étant très excentrique. Un tel homme était considéré comme inoffensif, mais juste un peu « fêlé », et les classes inférieures le regardaient avec étonnement, bouche bée, alors qu'il poursuivait ses occupations ; tandis que les plus instruits de ses camarades le considéraient avec une sorte de mépris placide. Je parle maintenant de l'époque où l'ornithologie de l'Amérique était, pour ainsi dire, dans l'obscurité ; car la brillante lumière météorique de la période wilsonienne et audubonienne était passée, et le grand public oublia rapidement que les oiseaux et leurs voies avaient toujours été la première place dans l'esprit de chacun . Certes, des hommes comme Cassin, Lawrence, Baird et Bryant écrivaient constamment sur les oiseaux, mais ils le faisaient d'une manière discrète et scientifique, qui n'atteignait pas le grand public. Il est possible que les troubles politiques dans lesquels notre pays était impliqué aient quelque chose à voir avec la grande dépression ornithologique qui s'est abattue sur l'esprit populaire. Aussi étrange que cela puisse paraître, cependant, pendant une période de trente ans après l'achèvement du grand ouvrage d'Audubon, aucun ouvrage de vulgarisation générale, d'aucune sorte, n'a été écrit sur les oiseaux en Amérique. Puis parut « Birds of New England » de Samuels, publié en 1867, ouvrage qui apparemment contribua grandement à renverser la tendance populaire en faveur de l'étude ornithologique, car à partir de cette époque nous pouvons percevoir un réveil général. Non seulement les journaux et les magazines regorgent d'articles sur les oiseaux, mais au cours des cinq années suivantes, nous trouvons trois ouvrages importants sur l'ornithologie américaine annoncés sur le point de paraître : « History of American Birds » de Baird, Brewer et Ridgeway, dont trois volumes sont parus, publiés en 1874 ; Les « Oiseaux de Floride » de Maynard, publiés en plusieurs parties, furent ensuite fusionnés avec les « Oiseaux de l'est de l'Amérique du Nord », achevés en 1882, et « Key » de Coues, publiés en 1872. D'autres ouvrages suivirent rapidement, pour l'instant la marée ornithologique populaire. se dirigeait fortement vers le déluge, et depuis lors, il s'est précipité et a rassemblé des recrues au fur et à mesure, jusqu'à ce que le raz-de-marée de faveur populaire pour les activités ornithologiques ait atteint d'une rive à l'autre à travers notre grand continent ; et là où il n'y avait autrefois que quelques adeptes solitaires de cette grande science, nous pouvons en compter des milliers, et ils viennent toujours ; de sorte que le point culminant n'est pas encore atteint, alors que, selon toute apparence, ce raz-de-marée agitera la génération à venir plus fortement que la présente.

Parmi tous les nombreux intéressés par l'étude de la vie des oiseaux, rares sont ceux qui ne collectent pas de spécimens. Il y a des années, au début de l'étude, lorsque le naturaliste solitaire n'avait personne pour sympathiser avec lui dans ses recherches, les peaux d'oiseaux étaient généralement fabriquées d'une manière que nous considérerions aujourd'hui comme choquante. Cependant, au cours des quinze dernières années, depuis que les ornithologues sont devenus plus nombreux et que les possibilités de comparaison des méthodes de conservation des spécimens ont été facilitées, de grands progrès ont été constatés. Les collections mal préparées sont désormais loin d'être souhaitables ; en fait, même les spécimens rares perdent une grande partie de leur valeur s'ils sont mal maquillés. Lorsqu'il y a suffisamment de collectionneurs expérimentés dans une localité pour comparer leurs notes sur les diverses améliorations que chacun a apportées à la fabrication de la peau et à l'élevage des oiseaux, l'un aide l'autre ; mais il y a toujours une multitude de débutants qui vivent dans des localités isolées et qui ne comptent pas parmi leurs amis des collectionneurs expérimentés, et qui ont par conséquent besoin du secours d'instructions écrites. D'où la nécessité de livres pour les enseigner.

Ce petit ouvrage est donc destiné à répondre aux besoins des collectionneurs ornithologiques amateurs, où qu'ils se trouvent, car il est écrit par quelqu'un qui a au moins eu l'avantage d'une très vaste expérience dans la collecte, la confection et le montage des peaux. Il a également eu l'avantage de comparer ses méthodes avec celles de nombreux excellents collectionneurs amateurs et professionnels à travers le pays ; et s'il ne leur a conféré aucun bénéfice, il a du moins acquis de nombreuses informations utiles, et les résultats de tout cela sont maintenant présentés au lecteur.

L'art de la taxidermie est très ancien et trouve sans doute son origine parmi les toutes premières races humaines, qui prélevaient non seulement la peau des oiseaux et des mammifères pour se vêtir, mais aussi pour les ornements. Les oiseaux et les mammifères étaient également fréquemment considérés comme des objets de culte, et par conséquent conservés après la mort, comme chez les anciens Égyptiens, qui embaumaient des oiseaux et des mammifères entiers considérés comme sacrés.

Des méthodes grossières de conservation des peaux est sans doute née l'idée de monter ou de placer les peaux dans des attitudes réalistes. Les premiers objets sélectionnés à cet effet furent bien entendu des oiseaux et des mammifères aux formes singulières ou aux couleurs éclatantes, comme objets de curiosité. Des spécimens ultérieurs auraient été conservés à des fins ornementales, mais il est probable que ce n'est qu'au XVIIe siècle que des oiseaux ou des mammifères furent collectés avec une idée de leur valeur scientifique.

Les spécimens montés ou en peau ont dû être grossièrement conservés au début, mais, comme dans toutes les autres branches de l'art et de la science, lorsque les gens ont commencé à comprendre la valeur des spécimens bien faits par rapport à ceux mal faits, les ouvriers qui sont devenus experts dans leur l'art est apparu et s'est avéré un bon travail. L'art de fabriquer de bonnes peaux, cependant, n'a jamais été compris dans ce pays, du moins jusqu'au cours des quinze ou vingt dernières années, et même aujourd'hui, il est rare de trouver de bons ouvriers capables de fabriquer des peaux bien et rapidement.

Comme cela est naturel, de nombreuses méthodes ont été utilisées pour garantir des attitudes réalistes chez les oiseaux et autres objets d'histoire naturelle. Une bonne occasion d'étudier les différentes écoles de montage peut être trouvée parmi les spécimens d'un grand musée, où des matériaux sont rassemblés en diverses localités du monde entier. J'ai vu des oiseaux remplis de toutes sortes de matériaux, du coton au plâtre, et j'ai même vu des cas où la peau était dessinée sur un bloc de bois sculpté pour imiter le corps enlevé.

En règle générale, je préfère le rembourrage corporel doux, où tous les fils sont attachés ensemble au centre de l'intérieur de la peau, et du coton, ou un matériau élastique similaire, rempli autour. Cette méthode est cependant très difficile à apprendre et, à moins d'avoir une grande expérience dans la manipulation des oiseaux, elle ne donnera pas de résultats satisfaisants. J'ai donc recommandé la méthode du corps dur, telle qu'elle est donnée dans le texte, comme étant la meilleure, car elle s'apprend plus facilement et donne toujours les meilleurs résultats entre les mains d'amateurs.

Pour la fabrication de la peau, bien que j'aie donné deux méthodes, la mise en forme et l'emballage, je préfère cette dernière, comme étant de beaucoup la meilleure, bien qu'elle ne soit pas aussi facile à apprendre.

L'élevage des mammifères et des reptiles et la confection de leurs peaux varient également selon les individus, mais j'ai indiqué la méthode par laquelle j'ai constaté, par expérience, que les amateurs réussissent le mieux.

Certains peuvent considérer les informations données dans les pages suivantes comme trop maigres pour des raisons pratiques, mais j'ai volontairement évité de donner de longues instructions, estimant que quelques phrases bien formulées seraient bien meilleures, car exprimant beaucoup plus clairement les idées que je souhaite transmettre. En bref, le lecteur a les résultats condensés de ma longue expérience, et s'il suit avec soin et patience les instructions données ici, je suis sûr qu'il obtiendra des résultats satisfaisants de son travail.

J'ai essayé d'inculquer dans les pages suivantes l'idée que celui qui veut devenir un taxidermiste à succès ne peut atteindre son but sans le plus grand soin ; il doit faire preuve de patience et de persévérance à l'extrême ; des difficultés surgiront, mais il devra les surmonter en s'appliquant sévèrement à l'étude de son art, et, à mesure que les années passeront, l'expérience lui apprendra beaucoup de choses qu'il n'avait jamais connues auparavant. Des hommes devenus aujourd'hui d'habiles ouvriers m'ont assuré à maintes reprises que leurs premières idées en matière de conservation des spécimens étaient tirées de mon « Guide du naturaliste ». J'espère donc que le présent petit ouvrage pourra aider ceux qui entrent dans le pays féerique de la science, à préparer des souvenirs durables recueillis en chemin.

CJ Maynard.

BOSTON, MASS.

PARTIE I.
OISEAUX.

CHAPITRE I.
COLLECTE.

Section I. : Piégeage, etc. — Plusieurs dispositifs permettant de sécuriser les oiseaux et les spécimens peuvent être utilisés avec succès , dont l'un des plus simples est le piège-boîte, si familier à tout écolier. Si on l'appâte avec un épi de maïs et qu'on le place dans des bois fréquentés par les geais, lorsque le sol est couvert de neige, et que quelques grains de maïs sont éparpillés pour l'attirer, ces oiseaux habituellement méfiants ne manqueront pas d'entrer dans le piège. J'ai capturé des nombres de cette manière, en fait, le premier oiseau que j'ai jamais écorché et monté était un geai bleu, capturé dans un piège-boîte. Je n'étais alors qu'un petit garçon, donc je ne me souviens pas aujourd'hui de ce qui m'a d'abord suggéré de monter l'oiseau, mais le désir inhérent de préserver le spécimen devait être aussi fort à l'époque que dans les années suivantes, sinon je n'aurais jamais pu me résoudre à le faire. point de tuer un oiseau de sang-froid. En fait, mettre l'oiseau à mort est la pire des pièges ; et avec moi, à moins que je ne le fasse immédiatement, lors de la première excitation de trouver l'oiseau pris au piège, l'acte risque de ne jamais être accompli du tout. Les moineaux, les bruants des neiges et, en fait, presque tous les oiseaux de cette classe peuvent être capturés dans des pièges en hiver. Pour ces petits oiseaux, dispersez la paille sur la neige de manière à la cacher, puis utilisez un fuseau sur lequel des graines à canaris ont été collées, comme appât, en dispersant une partie des graines à l'extérieur. D'autres pièges, cependant, peuvent être utilisés avec plus de succès pour les oiseaux fringillines. Par exemple, le piège à clap-net, où deux ailes, recouvertes d'un filet, se referment sur les oiseaux, attirés par les graines semées dans les paillettes éparpillées dans la neige. Ce piège, semblable à ceux utilisés par les chasseurs de pigeons sauvages, est suspendu au moyen d'une longue corde dont l'extrémité est entre les mains d'une personne cachée dans un bosquet ou un berceau artificiel voisin. Un piège très simple, mais excellent pour attraper les moineaux, peut être fabriqué en inclinant un tamis à charbon ordinaire sur un bord, en le maintenant au moyen d'un bâton auquel est attachée une corde au milieu (voir <u>Fig. 1</u>). Les oiseaux passeront facilement sous le tamis, à la recherche de nourriture, lorsque le trappeur, caché à peu de distance, arrachera le bâton au moyen de la corde ; le tamis tombe et les oiseaux sont capturés. Ce piège nécessite une surveillance constante, ce qui, par temps froid, n'est pas très agréable ; ainsi, un piège bien meilleur peut être trouvé dans l'une de mes propres inventions, appelée « Piège à oiseaux toujours prêt ». Il est constitué d'un filet solide tendu sur du fil de fer et est placé au sol ou sur une planche dans un arbre. Un oiseau leurre, de la même espèce que ceux à capturer, est obtenu si possible et placé à l'arrière du piège sur <u>la figure 2</u> , puis les oiseaux entrent par l'avant du piège, B ; passer par des fils C, qui pointés vers l'arrière à la manière du piège à rats bien connu, empêchent leur sortie. Ce piège est constamment tendu et plusieurs oiseaux sont capturés en même temps. Les loriots, les goglus des prés, les cardinals à poitrine rose, les chardonnerets, les bruants des neiges, tous les autres moineaux et pinsons, en fait, tous les oiseaux qui viennent à un leurre ou à un appât, peuvent être capturés dans ce piège.

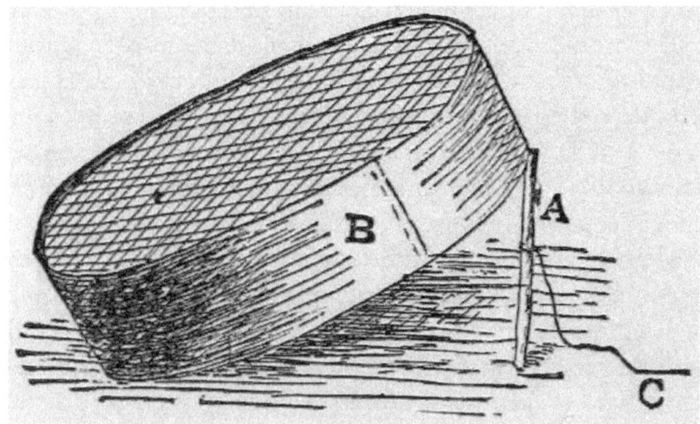

FIG. 1.

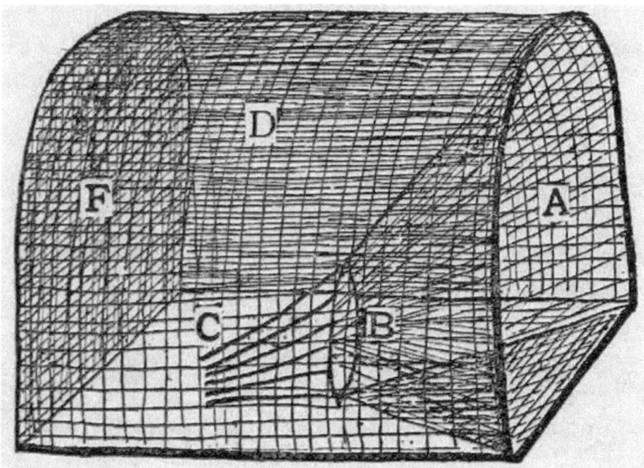

FIGURE 2.

J'ai fréquemment capturé des geais dans de petits collets semblables à ceux utilisés pour capturer les lapins. Les cailles et la gélinotte huppée étaient également capturées de cette manière avant l'heure actuelle, mais il est désormais illégal de piéger le gibier à plumes dans presque tous les États.

Le piège en acier de la plus petite taille est extrêmement utile pour capturer les faucons, les hiboux et même les aigles, ainsi que de nombreux autres grands oiseaux. Une façon consiste à le placer dans le nid de l'oiseau, en prenant soin d'abord d'enlever les œufs, en leur substituant ceux d'une poule. Presque tous les grands oiseaux peuvent être capturés de cette manière, et c'est un excellent moyen d'identifier les œufs de certains faucons ou hérons rares. La partie la plus haute d'un moignon mort, qui est le perchoir préféré d'un faucon ou d'un aigle, est un bon endroit pour tendre un piège ; et les petits faucons et hiboux peuvent être capturés en plaçant le piège au sommet d'un pieu d'environ huit ou dix pieds de haut, dans un pré, surtout s'il n'y a pas de clôtures à proximité . Les faucons et les hiboux hantent les prairies à la recherche de souris et se tournent invariablement vers un pieu solitaire, s'ils peuvent en trouver un, pour manger leur proie ou se reposer, et sont donc très susceptibles d'y mettre « le pied » de manière manière décidément agréable au collectionneur, sinon si agréable à lui-même. Les pièges en acier peuvent également être installés sur des planches clouées aux arbres, dans les bois ou au sommet des collines, mais ils doivent dans ce cas être appâtés avec un petit mammifère ou un oiseau. J'ai réussi à capturer des faucons des marais en attachant une souris vivante à un piège en acier et en la plaçant dans un pré fréquenté par ces oiseaux. D'autres faucons ainsi que des aigles peuvent être capturés à l'aide de leurres ; la meilleure chose à cet effet étant, assez étrangement, un grand-duc d'Amérique vivant. Le hibou est attaché à un solide pieu dans un champ ou une prairie pendant la migration des faucons, au printemps ou à l'automne, et entouré de pièges appâtés. Les faucons qui passent sont attirés par le spectacle nouveau d'un hibou dans une position si particulière et viennent fondre pour voir de plus près lorsqu'ils aperçoivent l'appât et, en essayant de le manger, ils sont attrapés. Un faucon ou un aigle peut être utilisé de cette manière comme leurre, mais le grand-duc d'Amérique est de loin le meilleur.

Lors de l'utilisation de pièges en acier, il convient de veiller à envelopper les mâchoires avec du tissu afin d'éviter de blesser les pattes de l'oiseau capturé. Les vautours peuvent être capturés dans des pièges en acier en les appâtant simplement avec n'importe quel type de chair. De nombreuses espèces d'oiseaux peuvent être capturées avec succès par l'une ou l'autre des méthodes proposées. En fait, nous recevons constamment des oiseaux piégés pendant les saisons appropriées, et ainsi de nombreux faucons et hiboux qui auraient été difficiles à se procurer sont capturés en grand nombre par nos collectionneurs.

La chaux pour oiseaux, bien que peu recommandable lorsque les oiseaux sont destinés à être conservés, peut être utilisée avec avantage pour capturer les oiseaux pour la cage. Une petite quantité est étalée sur une brindille ou un petit bâton dont une extrémité est légèrement enfoncée dans une encoche d'une branche ou d'une tige verticale, dans une position telle que l'oiseau doit se poser dessus pour atteindre l'appât. Le bâton doit être placé si légèrement que le moindre contact avec les pattes de l'oiseau le fera tomber, lorsque l'oiseau, donnant un coup d'aile vers le bas pour s'empêcher de tomber, frappera les piquants extérieurs contre le bâton, et ainsi les deux les pieds et les ailes y sont fixés par la chaux adhérente. Dans le cas d'un spécimen rare, le calcaire peut être retiré du plumage à l'aide d'alcool, ou l'oiseau l'enlèvera à temps, s'il est autorisé à vivre. Une bonne glu pour oiseaux est difficile à se procurer ; celle faite avec de l'huile de lin et du goudron bouillis est la meilleure ; mais ce procédé doit s'effectuer à l'air libre, car le mélange est extrêmement inflammable. La masse collante ainsi obtenue doit être travaillée avec les mains sous l'eau, jusqu'à ce qu'elle acquière la consistance souhaitée. En étalant de la chaux sur les bâtons, les doigts doivent être mouillés pour éviter que la chaux n'y colle. Une autre façon dont j'ai capturé des oiseaux aussi peu suspects que les gros-becs des pins, les becs-croisés et les goujons rouges, est de placer un nœud coulant de fil fin au bout d'un poteau et de m'approcher avec précaution d'un arbre dans lequel les oiseaux se nourrissaient. , ont réussi à le faire glisser au-dessus de leur tête, lorsqu'ils sont tirés en flottant vers le bas, et le nœud coulant retiré, avant qu'une blessure permanente ne soit causée. J'ai même capturé des cardinals de pins de cette manière dans un champ ouvert, et je suis monté sur un arbre et je les ai capturés avec seulement le nœud coulant attaché à un gros morceau de fil de fer, dans ma main.

SECTION II. : TIR. — Bien que, comme nous l'avons montré, de nombreuses espèces de valeur puissent être capturées par le piégeage, le collet, etc., le collectionneur compte néanmoins principalement sur son fusil. Ceci étant décidé, le débutant se demande immédiatement quel genre d'arme dois-je acquérir ? Bien sûr, les chargeurs par la bouche sont désormais hors de question ; et parmi la multitude de chargeurs par la culasse du marché, il suffit de consulter son goût ou la longueur de sa bourse. Il est donc tout simplement inutile pour moi de recommander une marque particulière d'arme. De bons chargeurs par la culasse à un seul canon peuvent être achetés entre neuf et vingt dollars, tandis que les canons doubles coûtent à partir de quinze dollars. Pour une collecte ordinaire, un calibre douze est peut-être meilleur que tout autre, car des oiseaux comme les canards, les faucons et les corbeaux peuvent être facilement tués avec. Pour les parulines, les troglodytes et autres petits oiseaux, cependant, un canon de calibre beaucoup plus petit est presque indispensable, car un gros canon envoie le tir avec une telle force qu'il pénètre non seulement dans le corps de l'oiseau, mais sort également du côté opposé. ; ainsi chaque coup fait deux trous, alors qu'un seul suffit pour tuer. Il faut alors toujours garder ce fait à l'esprit et, en règle générale, charger légèrement, avec juste assez de poudre pour que le plomb pénètre bien dans l'oiseau sans le traverser. Dans un fusil de calibre douze, deux drachmes de poudre derrière une once de plomb suffisent pour tuer un oiseau comme un geai ou un pic à ailes dorées, à une distance de trente ou quarante mètres ; ensuite, si une plus grande pénétration est nécessaire, plus de poudre peut être utilisée avec la même quantité de grenaille, mais cela entraînera une plus grande dispersion de la grenaille. Un bon fusil de collecte, capable de tuer les petits oiseaux avec une très petite quantité de munitions et peu de bruit, est depuis longtemps un souhait. J'en ai essayé de nombreuses sortes, mais rien ne s'est révélé aussi satisfaisant qu'un petit fusil à répétition de ma propre invention et qui est fabriqué par nous. Ce pistolet se compose de deux tubes en laiton, un plus petit dans un plus grand, avec un espace d'air entre eux, atténuant ainsi considérablement le son ; et tous deux sont solidement fixés à un revolver à cinq coups finement nickelé. Nous faisons deux tailles, une jauge vingt-deux, dont le rapport est très léger, et une jauge trente-deux, qui fait un peu plus de bruit. Le premier tuera les parulines à quinze mètres, et le second à vingt mètres, tandis que les oiseaux comme les geais, les grives et les rouges-gorges peuvent être abattus avec la jauge de trente-deux à une distance de dix mètres. Ce fusil m'a bien servi en Floride l'hiver dernier, et j'ai tué au moins les deux tiers des oiseaux que j'y ai capturés. Le léger rapport d'un tel fusil n'effraie pas les oiseaux, tandis que le fait qu'on ait presque toujours un deuxième coup de feu prêt dans le cylindre tournant est d'une grande aide, en cas d'oiseau blessé, ou en cas d'apparition soudaine d'un deuxième coup. spécimen, comme cela arrive si souvent, après la chute du premier. Le prix de cette arme varie de quatre dollars et cinquante cents à cinq dollars et soixante-quinze cents, selon la qualité et la taille. Les sarbacanes, les fusils à air comprimé, les catapultes, etc., ne sont utiles que dans les cas où un fusil de chasse ne peut pas être utilisé, car on ne peut pas compter sur eux. Un collectionneur, pour se procurer des oiseaux avec certitude, a besoin d'un bon fusil de chasse. Les munitions utilisées dans le petit pistolet collecteur sont des cartouches en cuivre, amorcées, de trois longueurs pour chaque taille. Pour le tir, j'utilise la poussière numéro dix et huit, mais pour un canon plus gros, un tir plus grossier est parfois nécessaire ; cependant, les collectionneurs , surtout les débutants, ont tendance à utiliser des plans trop grands. Au contraire, je n'aime pas tirer trop finement sur les gros oiseaux ; ainsi , un faucon tué avec une lourde charge de poussière à vingt mètres aurait les plumes très gravement coupées, alors qu'une paruline abattue à la même distance serait susceptible de faire un bon spécimen, car elle ne recevrait que quelques plombs de poussière. tir, alors qu'un grand nombre frapperait le faucon. En règle générale, utilisez donc une grenaille de poussière pour les oiseaux jusqu'à la taille d'un oiseau de cèdre, puis le numéro dix jusqu'à la taille d'un geai, après quoi le numéro huit tuera mieux et plus proprement, et je devrais utiliser cette taille aussi longtemps que possible. comme cela fera tomber les oiseaux ; et il est surprenant de voir à quel point de grandes espèces peuvent en être tuées. J'ai pris des pélicans bruns, des oies sauvages et de grands faucons portant le numéro huit, et j'ai une fois attaché une frégate avec eux, tous à bonne distance. Pour les très gros oiseaux comme les grues, les pélicans blancs ou les aigles, j'ai utilisé un fusil avec beaucoup de succès. Un Allen de calibre trente-deux est mon arme préférée, et j'ai tué des oiseaux à toutes les distances de vingt à trois cent vingt-cinq mètres avec. Bien sûr, presque tous les coups de fusil réussis doivent être tirés sur des oiseaux assis, car j'en ai rencontré peu qui pourraient les abattre en vol. Une autre bonne méthode pour sécuriser les grands oiseaux timides qui vont en groupes consiste à charger avec de la chevrotine, en plaçant derrière elle une charge dure de poudre, disons trois à cinq drachmes, puis à tirer sur le troupeau à distance, en élevant le canon selon un angle. d'environ quarante-cinq degrés au-dessus des oiseaux. J'ai ainsi tué les deux espèces de pélicans à deux cents mètres de distance.

SECTION III. : ACHAT D'OISEAUX. — Les oiseaux se trouvent presque partout, en fait, il n'y a guère d'acre carré de terre sur la surface de la terre qui ne soit habité, à une saison ou à une autre, par certaines espèces, et on en trouve beaucoup sur les plages, et sur l'océan lui-même. Voici quelques -unes des localités dans lesquelles se trouvent nos espèces américaines ; et, vraisemblablement, des oiseaux étrangers des mêmes familles se trouveront dans des endroits similaires.

TURDIDÆ : GRIVES. — Parmi eux, le merle est le plus commun et on le trouve partout. Parmi les véritables grives, on trouve ensuite les espèces à dos olive, ermite et alliées. Ceux-ci se trouvent généralement dans les forêts et sont plutôt timides et se tiennent à distance. La grive des bois habite les vallons profondément boisés. Les grives moqueuses préfèrent les fourrés au voisinage des habitations, par exemple l'oiseau-chat. La grive brune habite aussi les fourrés, mais n'aime pas, en général, la société des hommes, tandis que les petites grives, dont la grive à couronne dorée est un exemple, préfèrent les forêts ; et les deux grives aquatiques se trouvent dans les localités marécageuses.

SAXICOLIDÆ : CHATS EN PIERRE. — Les oiseaux bleus sont souvent sociables et construisent dans les vergers et les cours de ferme, tandis que les espèces occidentales semblent préférer les falaises des montagnes comme lieux de reproduction. Le rare chat de pierre se trouve, je pense, dans les sections ouvertes où il se produit.

CINCLIDES : OUZEL. — L'espèce solitaire d'ouzel que l'on trouve chez nous habite les ruisseaux de montagne de l'extrême ouest.

SYLVIDÆ : VÉRITABLES PARULINES. — Sont principalement des oiseaux des forêts, mais il arrive parfois que les roitelets, notamment ceux à couronne dorée, se promènent dans les vergers pendant les journées douces de l'hiver.

CHAMÆIDÆ : WRENTITS . — La seule espèce trouvée aux États-Unis habite l'armoise à l'extrême sud-ouest.

PARIDÆ : MÉSANGE. — On les trouve également dans les bois ou les fourrés, mais certaines espèces se promènent dans les vergers pendant l'hiver.

SITTIDÆ : SITTELLES. — Ce sont des oiseaux des forêts en règle générale, mais les sittelles blanches et à ventre rouge errent considérablement en automne, tandis que les sittelles à tête brune quittent rarement, voire jamais, les bois de pins du sud.

TROGLODYTIDÉS : TROGLODYTES. — Les troglodytes rampants se trouvent parmi les cactus de l'extrême sud-ouest, tandis que les troglodytes des rochers se trouvent parmi les fourrés d'une région similaire. Les vrais troglodytes se trouvent dans les fourrés, souvent à proximité des habitations dans lesquelles ils construisent fréquemment, tandis que les deux troglodytes des marais se trouvent à la fois dans les marais salés et d'eau douce dans tout le pays.

ALAUDIDÆ : VÉRITABLES ALOUETTES. — Ces oiseaux se rencontrent dans les prairies lointaines, sur la côte du Labrador et en hiver le long des rivages arides de la partie nord et moyenne.

MOTACILIDÆ : BERGERONNETTES. — Sont aussi des oiseaux de rase campagne, et l'alouette se rencontre dans les champs lors des migrations, notamment le long des côtes du Maine à la Floride.

SYLVICOLIDÆ : PARULINES AMÉRICAINES . — Ces joyaux des forêts et des bosquets de bord de chemin abondent dans toute la longueur et la largeur de notre pays. Au cours des migrations, ils sont généralement distribués, il n'est donc pas rare de trouver même la paruline noire, qui, pendant la saison de nidification, est par excellence un oiseau des bois profonds, se nourrissant en plein champ, tandis que j'ai pris la paruline du Cap May, qui se rencontre en été dans les épais conifères du nord, se nourrissant parmi les oranges et les bananes des jardins de Key West. Il faut donc s'occuper des parulines presque partout, parmi les saules au bord des ruisseaux, sur les sommets arides des collines qui abritent à peine une maigre végétation de pins ou de cèdres, et sur les arbres en fleurs des vergers. Certaines espèces sont extrêmement timides, au point de nécessiter une lourde charge de poussière pour les atteindre, tandis que d'autres sont si apprivoisées qu'elles scrutent avec curiosité le visage même d'un collectionneur alors qu'il se fraye un chemin à travers les retraites qu'elles ont choisies.

TANAGRIDÆ : TANGARAS. — Ces oiseaux aux couleurs saisissantes se trouvent généralement dans les bois, visitant cependant occasionnellement les sections ouvertes. Ils sont plutôt timides et réservés, et leur présence doit généralement être détectée par leur chant.

HIRUNDINIDÉS : HIRONDELLES. — Ce sont des oiseaux de rase campagne et sont plus communs à proximité des colonies qu'ailleurs. L'hirondelle vert-violet est cependant présente parmi les falaises des montagnes Rocheuses.

AMPELIDÆ : JASEURS. — Sont généralement trouvés en rase campagne, à proximité des agglomérations ; et même les jaseurs de Bohême sont présents en abondance dans certaines villes de l'Utah en hiver, se nourrissant des fruits des arbres ornementaux.

VIREONIDAE : VIRÉOS. — Ces oiseaux largement répartis aiment généralement les forêts, mais l'œil blanc préfère les fourrés dans les endroits marécageux, tandis que le gazouillis se trouve rarement loin des agglomérations ; en effet, il habite plus souvent les arbres qui poussent dans les rues des villages que dans les autres sections.

LANIIDÆ : PIE-GRIÈCHE. — Se trouvent dans des sections ouvertes, souvent dans des champs, et sur les terrains de chasse indiens inhabités de Floride. J'ai trouvé des caouannes le long des lisières des prairies ouvertes.

FRINGILLIDÉS : PINSONS, MOINEAUX ET GROS-BECS. — On les trouve en général surtout dans les régions les plus ouvertes. Les becs-croisés, cependant, pénètrent dans les bois épais, surtout les conifères. Les gros-becs, notamment le poitrine rose, préfèrent les forêts. Les moineaux bleus, comme l'oiseau indigo, se trouvent dans les champs ouverts jusqu'aux buissons. Les bruants des neiges se trouvent dans les champs ouverts et le long des zones arides du littoral, tandis que les pinsons à queue fine et en bord de mer habitent les marais. Les moineaux herbivores, notamment ceux à ailes jaunes, ceux de Henslow et de Leconte , préfèrent les plaines herbeuses. L'hiver dernier, j'ai acheté les trois espèces de ce genre (*Coturniculus*) dans une plantation de l'ouest de la Floride, en les sécurisant toutes en trois clichés successifs, un exploit qui, j'en suis sûr, n'a jamais été accompli auparavant. Beaucoup de ces oiseaux qui hantent l'herbe doivent être abattus alors qu'ils s'élèvent des herbes pour s'envoler, mais j'ai découvert, en persistant je suivais un spécimen d'un point à l'autre, qu'au bout d'un certain temps, il s'installerait dans un buisson, lorsque je pourrais le sécuriser avec mon pistolet de collecte à répétition.

ICTÉRIDÉS : ORIOLES, MERLES, ETC. — Les Orioles préfèrent, en règle générale, les vergers et les arbres d'ornement autour des habitations, mais ils se rencontrent parfois dans les forêts les plus ouvertes. Les merles des marais, comme les merles à ailes rouges et à tête jaune, préfèrent les prairies humides.

Les rouillés et les brasseurs se trouvent dans les marécages. Les merles corbeaux et les merles à queue de bateau sont présents dans les champs et au bord des cours d'eau.

CORVIDÉS : CORBEAUX, GEAIS, ETC. — On les rencontre habituellement dans les forêts ou les fourrés. Les corbeaux fréquentent le bord de mer en grand nombre en hiver et peuvent être protégés en exposant de la viande empoisonnée par la strychnine, car ils la mangent fréquemment pendant la saison défavorable. Les geais du Canada et les geais bleus se trouvent dans les bois, tandis que les geais de Floride et de Californie habitent les fourrés.

TYRANNIDÉS : MOUCHEROLLES. — Sont des espèces largement réparties. Les oiseaux royaux se trouvent dans les zones les plus ouvertes, et il en va de même pour les moucherolles à crête. Le pioui pont habite à proximité des habitations, tandis que le pioui des bois est présent dans les bois. Le moindre moucherolle préfère les vergers, mais la plus grande partie du genre *Empidonax* se trouve dans les forêts ou les fourrés.

CAPRIMULGIDÉS : SUCEURS DE CHÈVRES. — L'engoulevent et l'engoulevent sont présents dans les bois épais, émergeant occasionnellement la nuit, mais s'éloignant rarement de leurs retraites. Un bon moyen de sécuriser ces oiseaux est de noter le plus précisément possible le point où l'on commence à chanter ; puis, le lendemain soir, cachez-vous près de l'endroit où l'on verra l'oiseau sortir de sa retraite et se poser sur quelque rocher, poteau ou branche particulier, sur lequel il se perche invariablement et pousse son chant. Ensuite, si l'oiseau est trop loin pour être sécurisé à ce moment-là, il peut facilement être récupéré un autre soir par le collectionneur posté plus près. Ces oiseaux peuvent également être sortis de leur cachette pendant la journée et ainsi être abattus. Les engoulevents habitent les zones les plus ouvertes, mais se perchent sur les arbres pendant la journée. Ils peuvent facilement être sécurisés en survolant les champs.

CYPSELIDÆ : MARTINETS. — Le martinet à gorge blanche se rencontre dans les fentes des montagnes Rocheuses et est extrêmement difficile à se procurer. Le martinet ramoneur bien connu habite les cheminées presque partout, mais, comme il ne se pose jamais en dehors de ces retraites, il doit être abattu en vol.

TROCHILIDÆ : COLIBRIS. — Habitent en règle générale la campagne. J'ai fixé un grand nombre de nos rubis à gorge sur des cerisiers en fleurs, et plus tard sur des parterres de fleurs ; et je présume que les espèces occidentales peuvent être trouvées dans des situations similaires. Je leur tire dessus avec de légères charges de poussière, tirées par mon pistolet de collecte.

ALCIDINIDÉS : MARTINS-PÊCHEURS. — Ces oiseaux bruyants se trouvent en abondance à proximité des ruisseaux. Ils sont timides et ont besoin d'une lourde charge de numéro huit pour les faire tomber.

CUCULIDAE : COUCOUS. — Le roadrunner de Californie, du Texas et des localités intermédiaires se rencontre dans les buissons de sauge, mais nos espèces de coucous, même dans les mangroves, habitent les fourrés d'où ils émergent occasionnellement. Ils sont généralement trahis par leurs notes. Ils sont facilement tués, leur peau étant très fine et tendre.

PICIDÆ : PICS. — On les trouve généralement dans les forêts, mais les espèces plus petites et les ailes dorées habitent les vergers. Ce sont tous des oiseaux difficiles à tuer. Il s'agit d'une famille généralement répartie, mais certaines espèces sont confinées à certaines localités, par exemple, le grand bec ivoire ne se trouve pas en dehors de la Floride, et même là, il est confiné à une zone limitée et très rare. Le pic de Strickland n'a jusqu'à présent été trouvé aux États-Unis que dans une seule chaîne de montagnes de l'Arizona.

PSITTACIDÉS : PERROQUETS. — Notre perroquet de Caroline est maintenant extrêmement rare hors de Floride, et se rencontre alors dans le voisinage des marécages de cyprès, mais visite occasionnellement les plantations.

STRIGIDÉS : CHOUETTES. — La Chevêche des terriers est présente dans les plaines occidentales et dans une zone limitée de la Floride. Le harfang des neiges habite les dunes de la côte en hiver, et le harfang des neiges se rencontre dans les marais, mais toutes les autres espèces sont des oiseaux des bois profonds, émergeant cependant occasionnellement, surtout la nuit. Les grands cornus et barrés peuvent être attirés à portée de tir au printemps en imitant leurs cris, et cette dernière espèce volera également avec impatience vers le collectionneur lorsqu'il produira un grincement semblable à celui émis par une souris. Les petits hiboux peuvent souvent être trouvés dans les trous des arbres.

FALCONIDÉS : FAUCONS, AIGLES, ETC. — Les faucons des marais se rencontrent dans les champs, les prairies et les marais. Les milans des Everglades se trouvent dans les savanes répandues de Floride, tandis que les milans à queue fourrée du Mississippi et à épaule blanche se trouvent dans les prairies du sud et de l'ouest. Les buses buses se trouvent généralement dans les bois, mais pendant les migrations, elles passent au-dessus des champs en volant haut. L'épervier poisson est abondant sur le littoral, mais visite également les étangs et les lacs de l'intérieur. Le faucon canard aime les fentes et migre le long des côtes. Le moineau et le pigeon aux tibias pointus se trouvent souvent dans les arbres solitaires des champs, où ils chassent les souris, mais ils sont également présents dans les bois ouverts. Le pygargue à tête blanche est présent en bord de mer ou sur de grandes étendues d'eau, mais l'aigle royal préfère les régions montagneuses.

CATHARTIDES : VAUTOURS. — Présent partout dans le sud. Le grand vautour de Californie est désormais très rare.

COLUMBIDÆ : PIGEONS. — On les trouve habituellement dans les champs, mais le pigeon sauvage est souvent capturé dans les bois. Les tourterelles terrestres se trouvent dans les champs bordés de fourrés, où elles se retirent lorsqu'elles sont alarmées. Deux ou trois espèces se trouvent dans les Keys de Floride, et autant d'autres au Texas.

MELEAGRIDÆ : DINDES. — Les dindons sauvages sont présents dans les régions sauvages du sud et de l'ouest. Ils habitent généralement les bois ouverts et se perchent souvent la nuit dans les marécages.

TETRAONIDÆ : TÉTRAS, CAILLES, ETC. — Les espèces de tétras du Canada, ébouriffées et apparentées se trouvent dans les forêts. Le lagopède des prairies et la poule sauge se trouvent dans les plaines de l'ouest, tandis que les lagopèdes habitent les régions sombres du nord. La caille commune est largement répandue dans les pays les plus ouverts, du Massachusetts au Texas, et les espèces à plumes de Californie et apparentées se trouvent dans le sud-ouest, fréquentant les fourrés des prairies ou le long des flancs des montagnes.

CHARADRIDÆ : PLUVIERS. — Ce sont en général des oiseaux marins, surtout lors des migrations vers le sud, mais beaucoup d'espèces se reproduisent dans l'intérieur, et le cerf volant et le pluvier montagnard sont toujours plus communs sur les plans d'eau douce. Aucune des espèces ne se trouve cependant loin de l'eau, mais elles se posent toutes dans les champs secs à la recherche de nourriture.

HÆMATOPODIDÆ : HUÎTRIERS ET TOURNEPIERRES. — Tous ces oiseaux habitent le littoral. On les rencontre dans les parcs à huîtres ou parmi les rochers.

RECURVIROSTRIDÆ : AVOCETTES ET ÉCHASSES. — Ces deux espèces sont des oiseaux de l'intérieur, se trouvant au sud et à l'ouest, au voisinage de l'eau.

PHALAROPODES : PHALAROPES. — Ces oiseaux singuliers se trouvent au large des côtes, souvent loin en mer en hiver, mais, curieusement, se reproduisent à l'intérieur, nichant dans tout le nord-ouest et le nord. On les trouve cependant occasionnellement sur la côte lors de la migration vers le nord, notamment lors des tempêtes.

SCOLOPACIDÆ : BÉCASSINES, BÉCASSINES, ETC. —La bécasse et les bécassines se trouvent généralement dans les marécages d'eau douce, surtout au printemps. Les véritables bécasseaux, comme les pipiers, les graminées, etc., hantent les mares des marais ou accompagnent les sanderlings sur les plages. Les barges se trouvent dans les marais, tout comme la bécassine à poitrine rousse, mais les courlis habitent les sommets des collines, notamment lors de la migration automnale. J'ai cependant trouvé le courlis à long bec sur les plages de Floride. Les willets et les pattes jaunes sont présents dans les marais ou au bord des cours d'eau.

TANTALIDAE : IBIS ET SPATULES. — Présents le long des rives des ruisseaux et autres plans d'eau douce, ou sur les vasières de l'extrême sud.

ARDÉIDES : HÉRONS. — Ce sont des oiseaux largement répandus. Les vrais hérons se rencontrent le long des marges des plans d'eau, tant sur la côte qu'à l'intérieur, tandis que les butors ne hantent généralement que les eaux douces.

GRUIDÆ : GRUES. — Se trouvent dans les prairies de l'ouest et du sud, fréquentant le voisinage de l'eau.

ARAMIDES : COURLAN. — L'oiseau qui pleure bien connu ne se trouve qu'en Floride, habitant les marécages le long des rivières et des lacs de l'intérieur.

RALLIDÆ : RÂLES, GALLINULES ET FOULQUES. — Les vrais râles habitent les marais très humides, salés et frais, se cachant dans l'herbe. Les gallinules et les foulques se trouvent aux bords des eaux douces.

PHŒNICOPTERIDAE : FLAMANTS ROSES. — Le flamant rose n'est présent que chez nous, dans les vastes vasières de l'extrême sud de la Floride, où il est extrêmement difficile à trouver, car il est très timide.

ANATIDES : OIES, CANARDS, ETC. — Ce sont tous des habitants de l'eau, qu'on trouve rarement loin d'elle. Certaines espèces, comme la sarcelle d'hiver, préfèrent les mares isolées de l'intérieur, tandis que le canard branchu et d'autres fréquentent les ruisseaux des bois ; et les eiders et les canards marins sont abondants dans les eaux de l'océan.

SULIDÆ : FOUS DE BASSAN. — Sauf pendant la reproduction, ces oiseaux se maintiennent loin de la mer et sont donc assez difficiles à se procurer. Toutes les espèces marines sont susceptibles d'être repoussées vers l'intérieur des terres lors de fortes tempêtes, et le collectionneur ne devrait pas manquer de profiter de ces circonstances.

PÉLÉCANIDÉS : PÉLICANS. — Le pélican brun est un résident de l'extrême sud de la côte et peut être trouvé sur les bancs de sable ou perchés sur les arbres à proximité immédiate de l'eau. Le pélican blanc se trouve dans des localités similaires en hiver, mais migre vers le nord pendant l'été, se reproduisant à l'intérieur, de l'Utah vers les régions arctiques.

GRACULIDÉS : CORMORANS. — Présent sur les bancs de sable au sud, ou sur les falaises rocheuses au nord et sur la côte du Pacifique. Pendant les migrations, ils se maintiennent au large. Ils ont l'habitude, comme les fous de

Bassan et les pélicans, de se poser sur des flèches de sable stériles qui s'élèvent hors de l'eau.

PLOTIDES : FLÉCHETTES. — L'oiseau-serpent du sud se rencontre sur les plans d'eau douce et peut être vu perché sur les arbres ou volant haut dans les airs. Ils sont extrêmement difficiles à tuer, car ils sont généralement timides et très tenaces.

TACHYPETIDÆ : FRÉGATES . — La frégate ne se trouve chez nous que dans le golfe du Mexique et parmi les Florida Keys. On les voit généralement en vol, mais j'en ai observé des milliers perchés dans les mangroves des Keys. Ils se perchent sur les arbres sur des îlots solitaires la nuit, moment où ils semblent si stupides qu'ils peuvent être facilement approchés.

PHÆTONIDÆ : OISEAUX TROPIQUES . — Ces beaux oiseaux ne se rencontrent que dans les eaux tropicales, à moins qu'ils ne soient accidentellement chassés de leur latitude par des tempêtes. Ils se reproduisent sur les falaises rocheuses des Bahamas et des Bermudes.

LARIDÆ : GOÉLANDS, STERNES, ETC. — Les goélands Skua se tiennent généralement loin de la mer, mais entrent occasionnellement dans les ports et les baies à la poursuite des goélands et des sternes, qu'ils volent de leurs proies. Les goélands et les sternes des différentes espèces se reposent sur les bancs de sable ou volent le long du rivage.

PROCELLARIDÉS : PÉTRELS. — Sauf pendant la reproduction, ces oiseaux se maintiennent loin de la mer et sont donc assez difficiles à se procurer. Ils hantent cependant les eaux fréquentées par les pêcheurs et peuvent être obtenus en visitant ces localités sur quelque bateau de pêche.

COLYMBIDÆ : PLONGEONS. — Se trouvent dans les eaux douces et salées, mais sont quelque peu difficiles à se procurer en raison de leur habitude de plonger.

PODICIPIDÆ : GRÈBES. — Ces oiseaux ont des habitudes semblables à celles des plongeons, mais on les trouve dans des plans d'eau plus petits, notamment celui à bec bigarré, dont un ou plusieurs spécimens se trouvent dans presque toutes les petites mares du pays, surtout pendant la migration vers le sud.

ALCIDÉS : PINGOUINS, MACAREUX, ETC. — Ces oiseaux se trouvent au large des côtes pendant la migration, mais se reproduisent sur les rivages rocheux des deux côtes.

Bien que la liste ci-dessus indique la localité dans laquelle une espèce donnée peut être trouvée, en règle générale, il est toujours bon de garder à l'esprit que les oiseaux ont des ailes et que, grâce à elles, ils peuvent s'égarer dans des localités inhabituelles, très éloignées de leur habitation habituelle. . Par exemple, une chouette des terriers a été abattue dans les marais de Newburyport, et un pétrel, jusqu'ici connu de la science grâce à un seul spécimen capturé il y a de nombreuses années dans l'hémisphère sud, a été capturé, épuisé, à un champ labouré de l'intérieur de New York. Le jeune collectionneur doit donc toujours être sur ses gardes, en gardant bien à l'esprit le fait que l'art qu'il poursuit ne s'apprend pas à la légère. J'ai souvent entendu dire, sans expérience, qu'il pouvait facilement tuer une centaine d'oiseaux en un jour ; et bien que cela puisse être vrai en certaines occasions, car j'ai vu plus de cinquante oiseaux tués par une seule personne en deux coups de fusil, cependant, en règle générale, un bon collectionneur ramènera rarement plus de cinquante oiseaux pendant ses meilleurs jours. . Un homme doit non seulement être expérimenté, mais il sera également obligé de travailler dur pour atteindre une moyenne de vingt-cinq oiseaux par jour. Bien qu'il existe des collectionneurs « nés » qui se procureront des oiseaux, même s'ils ne disposent pas d'une arme plus redoutable qu'une catapulte d'enfant, les attributs particuliers qui composent un bon collectionneur sont principalement à acquérir. Un œil vif pour détecter un battement d'aile ou le battement d'une queue parmi un feuillage ondulant ; une oreille prête à capter le moindre gazouillis entendu au milieu du bruissement des feuilles, et si habile à interpréter les simples gradations de sons qui distinguent les différentes espèces ; une vigilance constante et éveillée, pour que rien n'échappe à l'observation, et qui donne un si bon contrôle des muscles que le fusil vient à l'épaule avec une promptitude qui combine la pensée avec l'action ; et une patience et un courage infatigables qui ignorent totalement les obstacles mineurs, sont quelques-unes des caractéristiques que doit posséder l'individu qui souhaite rassembler une bonne collection d'oiseaux par ses propres efforts. Si l'on ne possède pas ces traits, eh bien, alors étudiez pour les acquérir ; car sécuriser les oiseaux est un art aussi raffiné que de les conserver après leur obtention.

SECTION IV. : SOINS DES SPÉCIMENS. — Dès qu'un oiseau est abattu, examinez-le attentivement en écartant les plumes afin de repérer les trous de balle ; s'ils saignent, enlevez le sang coagulé avec un petit bâton, ou, mieux, la pointe d'un canif, puis avec un bâton pointu, ou le couteau, bouchez le trou avec un peu de coton, et saupoudrez du plâtre, ou mieux, un peu de mon conservateur, sur place. Bouchez ensuite la bouche avec du coton, en prenant soin de pousser le tampon suffisamment loin pour permettre au bec de se fermer, car si les mandibules restent ouvertes, la peau du menton et du haut de la gorge sèchera, ce qui fera dresser les plumes. Lissez légèrement le spécimen et placez-le, tête en bas, dans un cône en papier suffisamment long pour permettre de plier le dessus sans plier les plumes de la queue. Ensuite, l'oiseau peut être placé dans un panier à poisson, qui est le meilleur réceptacle pour transporter les oiseaux, car il est non seulement léger à transporter, mais laisse également passer l'air. N'enfermez jamais un oiseau dans une cage fermée par temps chaud, car il se gâterait très rapidement. Prendre soin d'un oiseau sur le terrain vous fera économiser beaucoup de travail et vos spécimens en armoire seront suffisamment beaux pour le justifier. Le sang laissé sous le plumage imprègne progressivement les plumes, les rendant ainsi emmêlées, alors qu'elles sont extrêmement difficiles à nettoyer. Cependant, certains spécimens saignent et, s'ils doivent être conservés, ce sang doit être retiré. J'ai toujours trouvé préférable de laver le sang dans la première eau que je pouvais trouver, puis de laisser sécher l'oiseau, soit en le portant dans ma main, soit en le suspendant à une branche d'arbre, où je pourrais revenir pour ça après. Il faut cependant prendre soin dans de tels cas de laver *tout* le sang, puis de boucher la plaie avec du coton, car si du sang s'écoule lorsque le plumage est mouillé, il se répandra sur les plumes et les tachera. En ramassant des oiseaux seulement blessés, ne les prenez jamais par la queue, l'aile ou une partie quelconque du plumage, mais saisissez-les fermement dans la main de manière à emprisonner les deux ailes, puis tuez-les par une forte pression de la main. pouce et index, appliqués sur les côtés juste à l'arrière des ailes. Cela comprime les poumons et les oiseaux meurent presque instantanément d'étouffement. Ne frappez jamais un oiseau, si grand soit-il, avec un bâton, mais s'il s'agit d'éperviers, d'aigles, etc., dont les serres sont dangereuses, saisissez-les d'abord par le bout d'une aile, puis par l'autre, travaillez les mains. vers le bas jusqu'à ce que le dos soit saisi, puis appliquez la pression sur les poumons. Il n'y a aucun danger du fait du bec, même des espèces les plus redoutables, une fois que la pression est exercée sur les poumons, car je n'ai jamais vu un spécimen mordre en étant tué de cette manière ; la seule chose nécessaire est de se tenir à l'écart de leurs serres. J'ai souvent été obligé de retirer des aigles d'une cage et de les tuer, et je l'ai fait avec mes seules mains.

Les tourterelles et les pigeons blessés doivent être saisis très fermement et ne doivent pas se débattre le moins du monde, car leurs plumes tombent très facilement ; et il en est de même, quoique dans une moindre mesure, des coucous ; en fait, il est toujours préférable de brosser le moins possible le plumage, en manipulant le spécimen mort par les pattes ou le bec. Lorsque vous ramassez des hérons blancs ou d'autres oiseaux tombés dans la boue ou dans d'autres eaux sales, prenez-les par le bec et secouez-les doucement pour éliminer la vase. Les plumes de tous les oiseaux, en particulier des espèces aquatiques, sont recouvertes d'une huile délicate et toutes les matières étrangères glissent du plumage si elles ne sont pas trempées dans l'eau. En attrapant des hérons blessés, prenez-les par le bec pour éviter le danger de perdre un œil sous un coup de pointe acérée. Lorsqu'un oiseau doit être placé dans un panier ou sur un banc, ne le *jetez pas* par terre, mais posez-le doucement sur le dos, en gardant toujours à l'esprit que plus un oiseau est

gardé lisse avant d'être écorché, plus il sera beau lorsqu'il sera écorché.
conservé. J'ai même remarqué que le véritable passionné d'ornithologie
maintient toujours ses oiseaux en bon état, tandis que d'autres, qui ne
chassent les oiseaux que pour le plaisir momentané de la chose ou pour le
gain, sont très portés à les manipuler brutalement. En d'autres termes, celui
qui étudie la nature possède un amour inné pour ses activités, ce qui l'amène
à respecter même un oiseau mort.

CHAPITRE II.
Les oiseaux écorchés.

SECTION I. : MÉTHODE ORDINAIRE. — Le seul instrument que j'utilise habituellement pour enlever la peau des oiseaux est un simple couteau d'une forme particulière (voir fig. 3) ; mais j'aime avoir avec moi une paire de ciseaux à dissection pour m'en servir dans les cas donnés plus loin. J'ai aussi beaucoup de coton et soit de la farine indienne, soit un conservateur cutané à portée de main pour absorber le sang et autres jus.

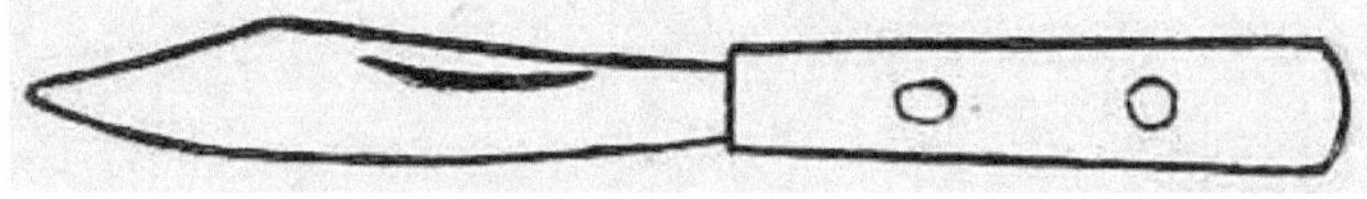

FIGURE 3.

Pour retirer la peau de l'oiseau, vérifiez d'abord que la bouche est bouchée avec du coton, et si c'est le cas, notez si elle est sèche, sinon retirez-la et remplacez-la par du coton. Il est également bon de noter si l'oiseau est flexible, car s'il est rigide, il est extrêmement difficile à écorcher, et il est toujours préférable d'attendre que cette rigidité particulière des muscles, qui suit la mort chez tous les animaux vertébrés, soit passée. Cela se produit par temps chaud en beaucoup moins de temps que par temps froid, souvent en une ou deux heures, mais par temps modéré, il est préférable qu'un oiseau reste couché pendant au moins six heures après avoir été tué. Prenez ensuite un spécimen en bon état, posez-le sur le dos sur un banc sur lequel du papier propre a été étalé, la tête tournée vers vous, mais légèrement inclinée vers la gauche. Maintenant, écartez les plumes de l'abdomen avec la main gauche, et, sauf chez les canards et quelques autres espèces, on verra un espace, soit nu, soit couvert de duvet, s'étendant depuis l'extrémité inférieure ou costale du sternum jusqu'à l'évent. Insérez la pointe du couteau, qui est tenu dans la main gauche, le dos vers le bas, sous la peau près du sternum, et, en le faisant glisser vers le bas, faites une incision jusqu'à l'évent en prenant soin de ne pas couper les parois. du ventre. Ceci peut facilement être évité chez les oiseaux frais, mais pas chez les spécimens ramollis par une position trop longue. Les doigts de la main droite doivent être employés pendant cette opération à écarter les plumes. Saupoudrez maintenant de la farine ou un conservateur dans l'incision, surtout si du sang ou des sucs s'écoulent, afin de les absorber et d'éviter qu'ils ne salissent les plumes. Ensuite, avec le pouce et l'index de la main droite, décollez la peau du côté gauche de l'orifice, tout en appuyant vers le haut sur le tibia de ce côté. Cela révélera la deuxième articulation de la jambe, ou le genou proprement dit. Passez le couteau sous cette jointure, et, en coupant contre le pouce, coupez-la complètement, chose facile à faire chez les petits oiseaux ; frottez un peu d'absorbant de chaque côté du joint sectionné ; puis en saisissant fermement l'extrémité du tibia entre le pouce et l'index de la main droite, tirez-le vers l'extérieur. Dans le même temps, la peau de la jambe doit être pressée vers le bas par les doigts de la main droite pour éviter les déchirures. La jambe est ainsi facilement exposée et doit, en règle générale, être écorchée jusqu'à l'articulation tarsienne. Avec l'ongle du pouce, pincez l'extrémité de l'os tibial et retirez la chair du reste de l'os en tirant vers le bas ; puis tournez le tout et coupez toutes les vrilles d'un coup. Bien sûr, la chair peut être retirée de l'os par grattage, etc., mais la méthode ci-dessus est la meilleure et, dans le cas de gros oiseaux, casser l'extrémité du tibia avec une pince. Tournez l'oiseau bout à bout et procédez de même avec l'autre patte, mais pendant les deux opérations, l'oiseau ne doit pas être soulevé du banc. Maintenant, enlevez la peau autour de la queue, placez l'index sous sa base et coupez vers le bas à travers la vertèbre caudale et les muscles du dos jusqu'à la peau, le doigt servant de guide pour éviter de passer par là. Frottez un absorbant sur la partie coupée. Saisissez l'extrémité de la vertèbre qui dépasse du corps, soulevant ainsi l'oiseau du banc ; décollez l'avant et l'arrière en poussant vers le bas avec la main, plutôt en attirant la peau plutôt qu'en la forçant ou en la tirant. Bientôt les ailes apparaîtront ; coupez-les là où l'humérus rejoint la coracoïde, coupant les muscles de haut en bas dans les grands spécimens, trouvant ainsi plus facilement les articulations. Frottez-le avec un absorbant, et il serait peut-être bon de remarquer que cela doit être fait chaque fois qu'une nouvelle coupe est effectuée. Ensuite, le corps est posé sur le banc et la peau est tenue dans une main ou, dans le cas des spécimens de grande taille, on la laisse reposer sur les genoux ou sur le banc, mais jamais pendante. Continuez à peler sur le cou en utilisant le bout d'autant de doigts que possible et bientôt, le crâne apparaîtra. La prochaine obstruction sera les oreilles ; ceux-ci doivent être tirés ou, mieux, pincés avec les ongles du pouce et de l'index. Ne déchirez pas les oreilles et des précautions particulières doivent être prises à cet égard chez les hiboux. Lorsque les yeux sont exposés, passer le couteau entre les paupières et l'orbite, près de celles-là, en ayant soin que la membrane nyctatante soit éloignée de la peau, sinon elle gênera lorsque les paupières seront disposées pour former la peau. Pelez bien jusqu'à la base du bec, afin que chaque partie de la peau puisse être recouverte de conservateur. Poussez la pointe du couteau sous les yeux, et retirez-les d'un seul mouvement, sans les casser. Coupez l'arrière du crâne au point indiqué par la ligne A, fig. 4 ; retournez la tête et faites deux coupes vers l'extérieur comme on le voit en AA, fig. 5 , enlevant ainsi une partie triangulaire du crâne B, fig. 4 , à laquelle le cerveau adhère habituellement, mais quand ce n'est pas le cas, retirez-la avec le pointe du couteau. Cela laisse les cavités oculaires ouvertes par le bas. Écartez les ailes en saisissant le bout de l'humérus de la main gauche, et repoussez la peau avec la droite, jusqu'à l'avant-bras ; puis avec l'ongle du pouce ou le dos du couteau, séparez-en les piquants secondaires qui adhèrent au plus gros os, dépliant ainsi l'aile jusqu'à la dernière articulation ou phalanges. Couvrez bien la peau avec un conservateur, en particulier le crâne, les ailes et la base de la queue ; enroulez des boules de coton d'environ la taille de l'œil entier enlevé et placez-les dans les cavités dans un état tel que le côté lisse de la boule puisse sortir vers l'extérieur afin que les paupières puissent être soigneusement disposées dessus. Il ne reste plus qu'à remettre la peau dans sa position initiale. Tournez les ailes en tirant doucement les primaires et la tête, en forçant le crâne vers le haut jusqu'à ce que le bec puisse être saisi ; puis en tirant dessus vers l'avant et en travaillant la peau vers l'arrière d'une main, l'affaire sera accomplie, lorsque les plumes pourront être légèrement lissées et disposées. Il faut garder à l'esprit que plus la peau est retirée rapidement et légèrement, plus l'échantillon sera beau. Par légèreté, j'entends que la peau ne doit pas être fermement saisie ni étirée en tirant. Certains ouvriers enlèveront la peau d'un oiseau presque gâté sans faire apparaître une plume, tandis que d'autres peuvent écorcher un spécimen aussi rapidement, mais le plumage sera écrasé et brisé par un usage brutal. Le temps nécessaire pour retirer la peau d'un petit oiseau ne doit pas dépasser six minutes, et j'ai vu la peau s'enlever en deux fois moins de temps. Bien sûr, le débutant sera plus long que cela ; puis la peau doit être humidifiée de temps en temps, en utilisant une éponge humide.

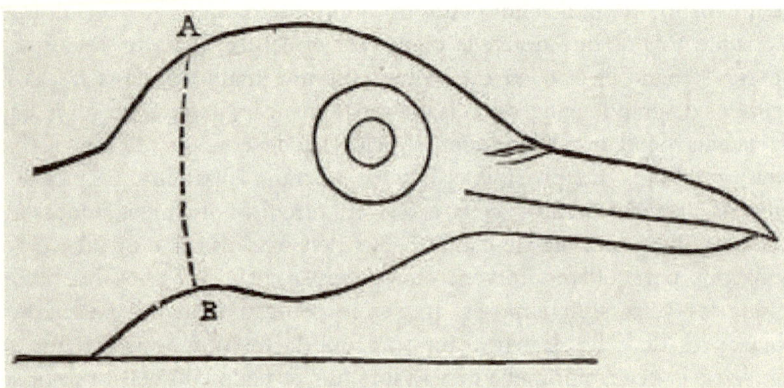

FIGURE 4.

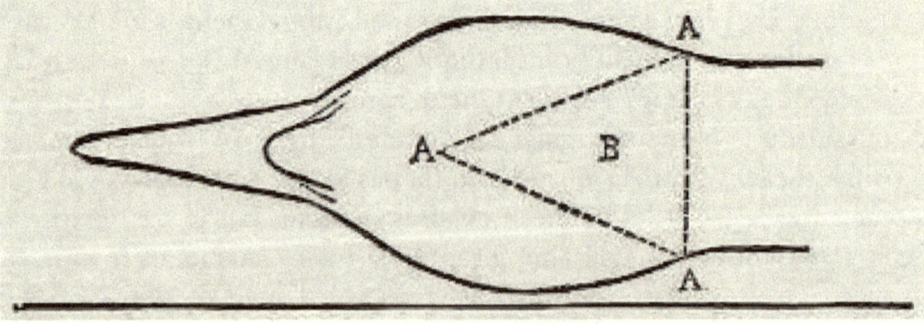

FIGURE 5.

Section II. : Exceptions à la méthode habituelle de dépouillement. — Dans le cas d'oiseaux très mous parce qu'ils sont morts depuis longtemps, il peut être conseillé d'ouvrir soit sous l'aile, en pratiquant une courte incision sur le côté, soit au-dessus de l'aile, en coupant le long des traces de plumes juste au-dessus du scapulaires; et un peu de peau de canard passe par un trou dans le dos juste au-dessus de la croupe. En règle générale, je ne conseille cependant pas une telle pratique, car les peaux sont plus difficiles à maquiller et l'oiseau ne peut pas être monté aussi facilement.

Les pics à grosse tête et à petit cou, comme le grand pivert et le bec ivoire, et les canards ayant des caractéristiques similaires, comme le pic des bois, le pilet et quelques autres espèces ; de même, les flamants roses, les grues du Canada et les grues blanches ne peuvent pas être écorchés sur la tête de la manière habituelle, mais le cou doit être coupé après que la peau ait été enlevée autant que possible, puis une fente doit être pratiquée dans le dos. de la tête, et la tête doit être écorchée par cet orifice, mais il faut utiliser une abondance d'absorbant pour empêcher les plumes de se salir.

Des précautions doivent être prises lors de l'écorchage des coucous, des tourterelles, des grives et de certaines espèces de moineaux, car non seulement la peau est fine, mais les plumes commencent très facilement dans la croupe et le dos. Retirez doucement la peau et ne la pliez pas brusquement vers l'arrière en travaillant sur ces parties, mais maintenez-la aussi près que possible dans sa position d'origine. La peau du canard branchu, et parfois celle du harle à capuchon, adhère à la chair de la poitrine, mais elle peut être séparée en travaillant soigneusement avec le dos du couteau. En enlevant la peau des jeunes oiseaux dans le duvet, comme les canards et les gallinacés, n'essayez pas d'écorcher les ailes.

Si un spécimen doit être monté avec les ailes déployées, les secondaires ne doivent pas être détachées, mais le couteau doit être poussé vers l'arrière des primaires afin de briser les muscles ; Ensuite, autant de chair que possible doit être retirée et une quantité de conservateur introduite sous la peau. Chez les oiseaux plus gros, une fente doit être pratiquée sur la face inférieure de l'aile et les muscles retirés de l'extérieur sans détacher les secondaires ; et aussi , lorsqu'un spécimen doit être monté, les cavités oculaires doivent être remplies d'argile bien pétrie jusqu'à la consistance d'un mastic.

Section III. : Détermination du sexe des oiseaux. — Bien que le sexe de nombreux oiseaux puisse être déterminé avec assez de certitude par le plumage, celui-ci n'est jamais un guide infaillible, et pour être parfaitement sûr de chaque cas, il convient d'examiner les organes internes. Je conseille toujours de disséquer des oiseaux clairement marqués comme les tangaras écarlates ou les merles à épaulettes, et en pratiquant cette habitude, j'ai eu un jour la chance de découvrir une femelle bruant peint en livrée complète de mâle. Le sexe des oiseaux peut être facilement déterminé de la manière suivante : Couchez le corps de l'oiseau sur le côté gauche, la tête tournée vers vous ; puis avec un couteau ou des ciseaux, coupez les côtes et les parois abdominales du côté *droit* ; puis soulevez les intestins, et les organes apparaîtront.

Chez les mâles, on verra deux corps, les testicules, plus ou moins sphériques, situés juste en dessous des poumons sur la partie supérieure des reins (Fig. 6 , 3, 3). Ceux-ci varient non seulement en couleur du blanc au noir, mais aussi en taille, selon la saison ou l'âge du spécimen. Ainsi, chez un bruant chanteur adulte, au début de la saison de reproduction, les testicules auront près d'un demi-pouce de diamètre, alors qu'en automne ils ne dépasseront pas le nombre huit en taille ; et chez les oisillons de la même espèce , ils ne sont pas plus gros qu'une petite boule de poussière. A ce jeune âge, le sexe des oiseaux devenus un peu mous est assez difficile à déterminer, et il en est de même en toute saison si les spécimens sont mal gonflés. Il existe cependant d'autres organes chez le mâle. Par exemple, les canaux spermatiques sont toujours présents et apparaissent comme deux lignes blanches ; et pendant la saison de reproduction, le plexus des nerfs et des artères autour de l'évent devient enflé, formant deux tubercules proéminents de chaque côté (Fig. 6 , 3, 3).

FIGURE 6.

Chez la femme, les ovaires se trouvent sur le côté droit (Fig. 7 , 2) à peu près dans la même position que celle occupée par les testicules chez l'homme. La taille des ovaires varie depuis la moitié de la taille d'un œuf jusqu'à de minuscules pointes, dépendant, comme chez le mâle, de la saison de l'année et de l'âge du spécimen. Chez les très jeunes oiseaux, les ovaires sont constitués d'un petit corps blanc qui, à la loupe, apparaît quelque peu granuleux. Chez le mâle et la femelle, il y a deux corps jaunâtres ou blanchâtres, chez le premier sexe situés au-dessus des testicules, mais plus en avant, et par conséquent juste en avant des reins ; et chez la femelle, ils occupent à peu près la même position. En plus des ovaires chez la femelle, l'oviducte est toujours présent (Fig. 7 , 3), grand, gonflé et alambiqué pendant la saison de reproduction, mais plus petit et presque droit à d'autres moments. Chez les jeunes spécimens, il apparaît comme une petite ligne blanche.

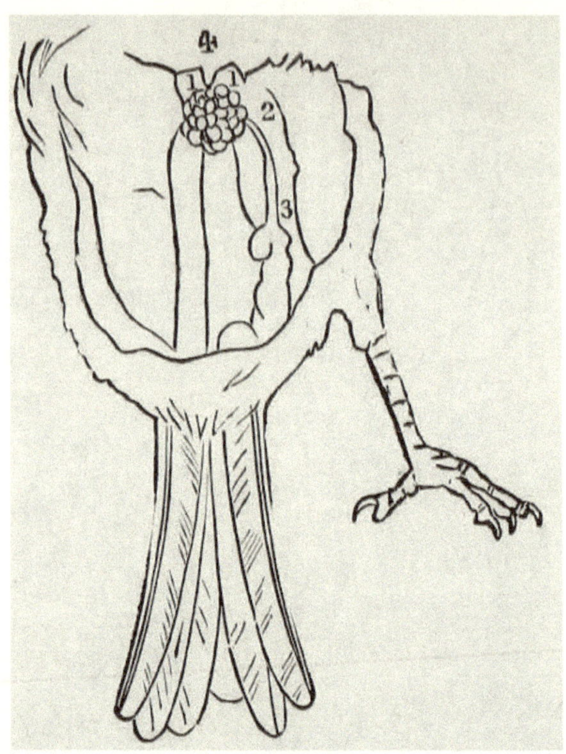

FIGURE 7.

La poitrine et l'abdomen dénudés observés chez les oiseaux pendant la saison de reproduction ne peuvent pas toujours être considérés comme une marque de sexe, car cela se produit parfois aussi bien chez les mâles que chez les femelles.

SECTION IV. : CONSERVATION DES PEAUX. — Les taxidermistes utilisent depuis de nombreuses années l'arsenic sous une forme ou une autre comme conservateur ; et dans la première édition de mon « Guide des naturalistes », j'ai recommandé de l'utiliser sec, déclarant que je ne le pensais pas nocif s'il n'était pas réellement consommé. J'ai cependant eu depuis de nombreuses raisons de changer d'opinion à cet égard, et je déclare maintenant qu'il s'agit d'un poison dangereux. Pas une personne sur cinquante ne peut manipuler la quantité d'arsenic nécessaire à la conservation des spécimens, pendant un certain temps, sans en ressentir les effets. J'en ai été longtemps empoisonné, mais je l'attribuais aux gaz nocifs provenant des oiseaux gardés trop longtemps . Il est possible que le poison de l'arsenic dont mon organisme était rempli ait été affecté par ces gaz, provoquant son développement, mais je ne pense pas que le gaz lui-même soit particulièrement nocif, car je n'ai jamais été empoisonné depuis que j'ai arrêté l'utilisation de l'arsenic.

Quand j'ai été convaincu que l'arsenic nuisait à ma santé et à celle des autres, j'ai commencé à expérimenter d'autres substances et, après avoir essayé une quantité de choses diverses, j'ai réussi à fabriquer un composé presque inodore qui présente les avantages suivants sur l'arsenic : préserve soigneusement la peau des oiseaux, des mammifères, des reptiles et des poissons de la pourriture, et prévient également les attaques de dermestes ou d'anthrénus , tandis que les plumes des oiseaux et les poils des mammifères ne sont pas aussi susceptibles d'être attaqués par les mites que lorsque la peau est préservée avec de l'arsenic. Ce conservateur, lorsqu'il est correctement appliqué, extrait l'huile des peaux grasses, les empêchant ainsi de se décomposer par carbonisation, comme cela se produit presque toujours dans les peaux de canard après quelques années. C'est un désodorisant, toutes les odeurs désagréables s'échappent de la peau sur laquelle il est appliqué ; et surtout ce n'est pas un poison. J'ai utilisé ce conservateur cutané, comme nous l'avons nommé, comme absorbant lors de l'écorchage des oiseaux, surtout des petits, car alors le plumage en est nécessairement saupoudré, ce qui assure plus ou moins la protection des plumes contre les attaques des mites.

Pour rendre efficace mon conservateur, ou bien tout autre, il faut qu'il soit soigneusement appliqué sur la peau ; toutes les parties, surtout celles auxquelles adhère de la chair, doivent en être bien recouvertes, et les fibres des muscles doivent être brisées autant que possible. Mais une petite partie, au mieux, de l'arsenic est soluble soit dans l'eau, soit dans l'alcool, et un peu dans les sucs de la peau, alors que dans mon conservateur cutané, au moins les trois quarts de celui qui entre en contact avec une peau humide sont absorbé, préservant ainsi parfaitement l'échantillon. Dans le cas d'une peau grasse, retirez le plus de graisse possible en la décollant ou en grattant doucement jusqu'à ce que toutes les petites cellules qui contiennent l'huile soient brisées et que la peau apparaisse ; puis enduisez généreusement la peau avec le conservateur, lorsqu'elle absorbe l'huile. Laissez cette couche reposer quelques minutes, puis grattez le tout et recouvrez-la à nouveau d'une nouvelle couche. Continuez ainsi jusqu'à ce que toute l'huile qui s'écoule soit absorbée, puis saupoudrez d'une couche finale.

Il existe deux processus chimiques pour préserver les peaux grasses, l'un d'entre eux transformant l'huile en savon, qui est à son tour absorbé et séché. Ainsi le conservateur qui a été gratté sur la peau peut être réutilisé après un certain temps, car il n'a perdu qu'une petite partie de son efficacité. Il convient toutefois de garder à l'esprit que toutes les cellules graisseuses possibles doivent être détruites, car la peau qui les entoure est, dans une certaine mesure, imperméable au conservateur, qui doit, pour absorber l'huile, entrer en contact avec il.

Section V. : Autres méthodes de conservation des peaux. — Les peaux peuvent être conservées temporairement en utilisant simplement du poivre noir, mais l'effet n'est pas durable. Il en va de même pour l'acide tannique, mais l'un ou l'autre, l'alun ou même le sel commun, fera l'affaire comme substitut au conservateur jusqu'à ce que les peaux puissent être mises entre les mains d'un taxidermiste, ou jusqu'à ce que le collectionneur puisse se procurer le conservateur approprié. . Je mentionnerai ici que le conservateur cutané ne coûte que vingt-cinq cents la livre, et que cette quantité conservera au moins trois fois plus de peaux que la même quantité d'arsenic.

Une bonne méthode pour conserver temporairement les grosses peaux consiste à les saler. Il suffit d'enduire l'intérieur de la peau de sel fin, de la retourner, de lisser les plumes et de plier soigneusement les ailes, puis de l'emballer dans du papier. Le sel empêche la peau de sécher complètement, et ainsi elle peut être humidifiée beaucoup plus facilement et transformée en peau ou montée. L'avantage d'emballer de gros oiseaux dans une si petite capacité est évident pour chacun . Deux collectionneurs que nous avons rencontrés la saison dernière nous ont envoyé quelques milliers de grosses peaux dans cet état ; et nous nous efforcerons de les préparer dans un délai de six mois, car les peaux salées deviennent très cassantes si on les laisse reposer trop longtemps. Ils doivent être conservés dans un endroit sec, car le sel absorbe l'humidité, ce qui provoque la pourriture de la peau. Ils sont également susceptibles, après la première année, d'être attaqués par le dermeste et l'anthrénus .

Les oiseaux qui sont en mauvais état parce qu'ils sont morts depuis longtemps peuvent parfois être écorchés, dans le cas de spécimens rares, avec beaucoup de soin. Saupoudrez bien l'intérieur de la peau avec un conservateur, car celui-ci a tendance à fixer les plumes, étant un strict, gardant la peau aussi droite que possible, car la plier risque de desserrer les plumes. Les intestins des oiseaux peuvent être retirés et la cavité salée lorsque de gros oiseaux doivent être envoyés à distance.

CHAPITRE III.
FAIRE DES PEAUX.

SECTION I. : NETTOYAGE DES PLUMES. — Si un oiseau est ensanglanté, les plumes peuvent être lavées soit à l'essence de térébenthine, soit à l'eau. Saturez un chiffon ou un morceau de coton et nettoyez le sang qui, s'il est sec, peut nécessiter un peu de trempage. Essayez d'empêcher l'eau de se répandre autant que possible, mais assurez-vous que chaque particule de sang coagulé est éliminée et que la tache est soigneusement lavée. Séchez ensuite en recouvrant bien la tache avec du plâtre ou un conservateur cutané, ce dernier étant préférable car il ne blanchit jamais le plumage. Il faut bien l'incorporer dans les plumes avec une brosse douce, à l'aide des doigts, en appliquant constamment une nouvelle quantité d'eau jusqu'à ce que toute l'humidité soit absorbée ; puis époussetez avec un plumeau doux. En cas de taches de graisse, si elles sont fraîches, utiliser le conservateur cutané seul, mais si elles sont anciennes et jaunes, utiliser de l'essence pour démarrer la graisse, puis sécher avec un conservateur, lorsqu'on constatera généralement que toutes les taches seront éliminées ; mais dans certains cas, deux ou trois applications de benzine peuvent être nécessaires. De petites taches de sang séché peuvent souvent être enlevées des plumes sombres en les grattant simplement avec l'ongle du pouce, à l'aide d'une brosse moyennement dure, un peu à la manière dont un oiseau vivant enlève les substances étrangères de son plumage. Ne laissez pas de taches de sang coagulé dans le plumage, car les plumes ne reposent jamais bien au-dessus et de tels endroits sont susceptibles d'être attaqués par les insectes, et même une tache de sang sous l'aile devrait, à mon avis, toujours être enlevée. Avant toute tentative de transformer un oiseau en peau ou de le monter, il doit être soigneusement nettoyé. Les taches de saleté peuvent être éliminées avec de l'alcool, qui sèche plus facilement que l'eau, mais il ne déclenchera pas le sang aussi bien que la térébenthine ou l'eau.

SECTION II. : FABRICATION DE PEAUX DE PETITS OISEAUX. — Les instruments pour fabriquer la peau sont une brosse plate, un plumeau pour le nettoyage, trois ou quatre paires de pinces de différentes tailles (voir Fig. 8), des aiguilles, courbées ou droites selon vos préférences, du fil de soie pour la couture et du coton doux pour enroulement et formes métalliques en étain laminé ou en zinc (Fig. 9). Posez la peau sur son dos et poussez les os isolés laissés sur l'avant-bras dans la peau, puis attachez-les en faisant un point à travers la peau près de la base de l'aile ; puis, en passant le fil autour de l'os, attachez-le fermement. Maintenant, avec le même fil non coupé, cousez l'autre os de la même manière, en laissant les deux reliés par un morceau de fil qui est à peu près aussi long que la largeur naturelle du corps de l'oiseau, ainsi les ailes restent à la même distance. séparés comme ils l'étaient autrefois. Maintenant, prenez un morceau de coton et formez-en un corps rugueux aussi grand que possible de celui enlevé, mais ayant un col effilé d'à peu près la longueur de la nature. Maintenant, saisissez-le fermement dans la pince à épiler et placez-le, le cou en avant, dans la peau, en prenant soin que la pointe de la pince à épiler pénètre dans la cavité cérébrale du crâne, afin que le coton puisse la remplir et, en faisant saillie vers le bas, former la gorge. ; laissez maintenant la pince à épiler s'ouvrir et faites-la glisser. Ouvrez les paupières et disposez-les soigneusement sur le coton arrondi en dessous. Assurez-vous que les os de l'aile se trouvent le long des côtés, car ils risquent d'être poussés vers l'avant lors de la mise en place du coton. Cela peut être résolu en soulevant doucement le coton. Si le corps en coton a été placé dans la bonne position, le cou sera plein, mais pas trop rembourré, et juste de la bonne longueur pour former une peau qui a l'apparence et la taille d'un oiseau fraîchement tué couché sur le dos avec le tête droite. Le bec doit être horizontal par rapport au banc sur lequel repose l'oiseau et d'où le spécimen ne doit pas être soulevé lorsqu'il travaille dessus. Maintenant, roulez la peau et examinez le dos ; veillez à ce que les plumes des ailes, notamment les scapulaires, soient en rotation régulière et qu'elles n'aient pas été poussées les unes au-dessus des autres ; et la même attention doit être accordée à la queue. Notez si les plumes du dos reposent parfaitement sur les scapulaires, et celles-ci, à leur tour, doivent être sur les couvertures alaires ; en bref, tout doit se fondre parfaitement, formant un dos légèrement arrondi. Reposez maintenant la peau, dos vers le bas, en forme, en la soulevant, en plaçant le pouce et l'index de chaque côté des épaules, ce qui est la bonne manière de manipuler une petite peau, même sèche. En plaçant la peau dans le moule, il faut veiller à ce que le coton ne glisse pas hors du crâne, provoquant ainsi la chute de la tête. Vérifiez si le bout des ailes est de même longueur ; sinon, faites-les ainsi en tirant une aile vers le bas et en poussant l'autre vers le haut vers la tête, mais ne les déplacez pas au niveau des épaules. Attention à ce que les ailes soient placées assez haut sur le dos. Ceci est facile à vérifier si les extrémités fermées des primaires reposent parfaitement à plat sur le fond du formulaire, leurs bords intérieurs étant presque vers le bas. Lissez maintenant les plumes avec une pince à épiler, en plaçant les plumes des côtés qui se trouvent sous l'aile du moineau à l'intérieur de l'aile ; au-dessus, ils resteront dehors. Gardez toujours à l'esprit que, bien qu'une peau puisse être rendue parfaitement lisse par un expert en huit à quinze minutes, celui qui n'est pas habitué à ce travail sera obligé d'occuper un temps beaucoup plus long, car une peau ne peut pas être rendue trop lisse. Disposez toutes les taches et lignes sur les plumes telles qu'elles se produisent dans la vie, notamment autour de la tête ou sur le dos ; en fait, on ne peut accorder trop d'attention à ces détails, avant et après la mise en forme d'une peau, si l'on veut produire un spécimen de première classe.

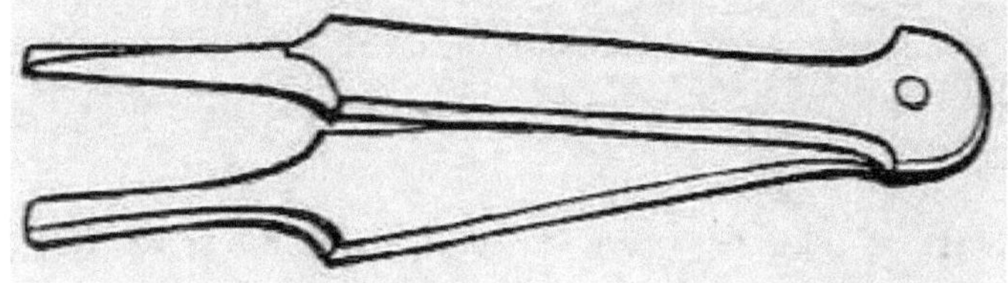

FIGURE 8.

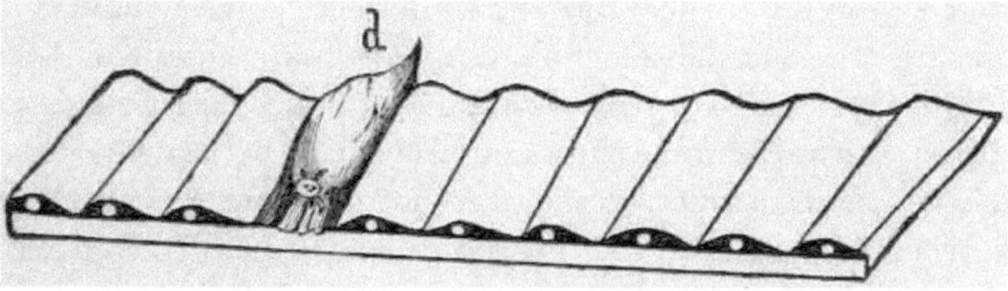

FIGURE 9.

Maintenant, liez la peau avec du fil de coton doux, utilisé sur les bobines dans les moulins, en commençant par les parties inférieures des ailes, et en enroulant le fil sur le corps et sous la forme, de manière à ce que les fils soient espacés d'environ un quart de pouce. se terminant par la gorge. Maintenant, disposez toutes les plumes qui peuvent avoir été désordonnées sous les fils, et placez la peau pour qu'elle sèche là où il n'y a pas de courant d'air, car une légère brise ne manquera pas de déplacer certaines plumes hors de leur place. (Pour la forme d'une peau, voir Fig. 10 .)

FIGURE 10.

Une autre méthode de fabrication des peaux qui peut être mise en pratique avec avantage est la suivante : Une fois que la peau est prête à être mise en forme, enveloppez-la étroitement dans une *très* fine couche de joli ouate de coton, en prenant soin que les plumes soient parfaitement lisses, bien que celles-ci soient parfaitement lisses. peut être partiellement disposé à travers le coton, qui doit être suffisamment fin pour que les plumes soient visibles à travers. La peau est ensuite mise à sécher sans mise en forme.

Les peaux ne doivent pas être exposées à une chaleur artificielle trop forte, ni être laissées sécher par temps humide dans une pièce sans feu. Les petits oiseaux, comme les parulines, se couchent parfaitement en quarante-huit heures dans une température modérée et un air sec. Ne laissez jamais une peau geler.

SECTION III. : FABRICATION DE PEAUX D'OISEAUX À LONG COU . — Les bécasseaux, les pics à cou fin ou tous les oiseaux dont le cou est susceptible de se briser devraient avoir un fil de fer placé dans le cou pour le soutenir et le renforcer. Procédez à la couture des os des ailes comme indiqué dans les petites peaux ; Ensuite, fabriquez un corps de coton autour de l'extrémité d'un fil dont l'extrémité est pliée d'environ un pouce en forme de crochet, puis le corps peut être enroulé autour du fil avec une partie du coton enroulé. Le fil de cou doit dépasser du corps sur environ la même longueur que le cou naturel, ou un peu plus. Ce tour de cou doit également être enveloppé de coton à la taille du cou naturel, mais un peu plus épais là où il rejoint le corps. Une petite partie de ce fil qui a été affûté, comme indiqué ci-après, doit dépasser du corps. Placez maintenant le corps en position à l'intérieur de la peau, en forçant la pointe du fil dans le crâne, jusqu'à la base de la mandibule supérieure, aussi loin que possible. La tête des oiseaux à long bec peut être tournée d'un côté, mais dans ce cas, le bec sera placé plus ou moins incliné. Coudre le spécimen comme avant ; disposer et placer sous une forme longue et lier. Les pattes d'oiseaux tels que les pattes jaunes peuvent être cousues ensemble au niveau de l'articulation tibiale, puis pliées vers les côtés, et les orteils cousus à la peau.

Lors de la confection de peaux de tous les oiseaux dont l'arrière de la tête est ouverte, l'orifice ne doit être recousu qu'après que le fil ait été inséré dans la mandibule supérieure, car il peut être nécessaire d'ajouter plus de coton par ici pour faire la gorge ou l'arrière de la tête aussi plein que dans la vie. Cousez cet orifice en prenant des points fins seulement dans le bord extrême de la peau, et la même prudence doit être exercée en recousant des déchirures accidentelles de la peau. Les peaux très tendres peuvent avoir des déchirures réparées en collant soigneusement du papier de soie sur les trous de l'intérieur. En fait, il est préférable de recoudre les déchirures de l'intérieur, en utilisant toujours du fil de soie.

SECTION IV. : FABRICATION DE PEAUX DE HÉRONS, D'IBIS, ETC. — Procédez exactement comme chez les oiseaux à long cou, mais pour obtenir une peau compacte, posez la poitrine de l'oiseau vers le bas, tournez la tête et le cou sur le dos et attachez les pattes à Les cotés. Je câble toujours les cous, et pour plus de sécurité, pour éviter qu'ils ne soient redressés par des personnes imprudentes ou inexpérimentées, je couds le bec sur la peau du dos. En plus de coudre l'intérieur de l'aile, cousez fermement l'aile vers l'intérieur, en cousant sur le primaire extérieur dans une pincée de peau sur le côté, ainsi l'aile est fixée à deux endroits.

Les peaux de canard peuvent être faites de la même manière, mais les plumes du flanc doivent être ramenées *sur* les ailes, et la palme des pattes peut être étendue avec un fil de fer, qui doit cependant être retiré lorsque les pattes sont sèches. ou il rouillera ; et le fil galvanisé ou en laiton est le meilleur pour fabriquer des peaux.

SECTION V. : FAUCONS, HIBOUX, AIGLES, VAUTOURS, ETC. — Les peaux de ces grands oiseaux sont faites en formes, mais les ailes doivent être cousues sur les côtés, comme chez les hérons, etc. Les cous doivent être câblés. Pour fabriquer la peau de tous les grands oiseaux, il est préférable d'utiliser des corps en excelsior ou en herbe, plutôt que du coton, qui ne donne pas un corps assez ferme. Voir les remarques sous montage pour les instructions de fabrication des corps ; mais il n'est pas nécessaire qu'ils soient aussi solides pour les peaux que pour le montage ; en fait, gardez-les aussi légers que possible. On ne peut pas prendre trop de soin à former les paupières de tous les oiseaux, en particulier des plus grands. Avoir la cavité occupée par l'œil rond, avec le coton posé doucement à l'intérieur et ne dépassant pas de manière irrégulière.

SECTION VI. : ÉTIQUETAGE DES SPÉCIMENS. — Une peau n'a que peu de valeur si elle n'est pas étiquetée avec la date, la localité et le sexe. Ne posez jamais un oiseau sur un côté sans qu'une étiquette soit fermement attachée à un pied ou à une autre partie. Le sexe des oiseaux est indiqué par les signes astronomiques des planètes ; Mars (♂) et Vénus (♀), la première étant, comme cela va de soi, la marque des mâles et la seconde des femelles. Pour garder cela à l'esprit, il suffit de se rappeler que celui de Mars est une lance et un bouclier conventionnels, indications de sa profession guerrière, tandis que celui de Vénus est censé représenter un miroir, article si indispensable au goût féminin. J'utilise des formulaires vierges pour les étiquettes, et plus c'est simple, mieux c'est ; ainsi, en voici un que j'ai utilisé lors de ma dernière expédition en Floride : -

EXPLORATIONS EN FLORIDE ,

Par CJ Maynard & Co.,

9 Pemberton Square, Boston, Massachusetts.

Palissandre, 10 novembre 1881.

Le sexe de l'un ou l'autre, mâle ou femelle, est imprimé, mais il faut au moins deux tiers autant d'hommes que de femmes ; tandis que toutes les notes concernant la couleur des pattes, du bec et de l'iris de chaque spécimen peuvent être écrites au dos. La taille indiquée est celle utilisée pour les spécimens allant de la taille d'un colibri à celle d'un pic à ailes dorées. Les étiquettes des canards et des hérons peuvent être attachées au bec en les fixant par les narines, car elles sont alors plus faciles à trouver.

Il est bon de garder à l'esprit que pour avoir une quelconque valeur en tant que spécimen scientifique, un oiseau doit être étiqueté aussi précisément que possible avec la date, la localité et le sexe, mais sans jamais deviner non plus. Si vous avez en votre possession un skin dont vous n'êtes pas absolument sûr, soit étiquetez-le d'un point d'interrogation remplissant la partie dont vous doutez, soit ne l'étiquetez pas du tout. Ainsi , si vous ne parvenez pas à déterminer le sexe de manière satisfaisante, dites-le en traçant une ligne à travers la marque du sexe et en lui substituant une requête (?).

SECTION VII. : SOIN DES PEAUX, DES ARMOIRES, ETC. — Lorsque les peaux sont retirées des formes, elles doivent être époussetées avec un léger plumeau, en les frappant doucement de la tête vers le bas afin de ne pas ébouriffer le plumage. Bien que les peaux soient bien préservées des attaques des demestes et des anthrenus , qui se nourrissent de la peau, les plumes sont toujours susceptibles d'être attaquées par les papillons nocturnes, tandis que la peau des pattes ou du bec est également susceptible d'être mangée. Ceci peut être évité en lavant les pièces avec une solution de gomme laque blanchie dissoute dans de l'alcool. Le meilleur moyen, de loin, d' assurer une sécurité absolue est d'enfermer les peaux dans des armoires à l'épreuve des insectes. Diverses méthodes ont été essayées pour empêcher la pénétration des mites, etc., dans les armoires, mais la meilleure et la plus simple consiste à installer une porte à l'extérieur des tiroirs d'une armoire par ailleurs parfaitement jointée. Cette porte est munie d'un bourrelet qui entoure l'extérieur et s'insère dans une rainure sur le bord de la boiserie à l'extérieur des tiroirs, tandis que la porte entière s'insère dans une rainure qui s'étend tout au long du fond. Une autre méthode que nous pratiquons sur nos armoires de dernière génération est de rendre chaque tiroir antimite, en faisant faire tout autour une marge qui s'insère dans une rainure, puis de recouvrir tous les tiroirs en fermant une bride sur les côtés.

SECTION VIII. : MESURE DES SPÉCIMENS. — Les spécimens de tous les oiseaux rares doivent être mesurés. Avec le débutant, il est préférable de mesurer chaque spécimen. J'ai mesuré environ quinze mille oiseaux avant d'en faire une seule peau sans le faire, et maintenant je prends soin de prendre les dimensions de tous les spécimens rares. Les dimensions d'un oiseau sont prises comme suit, à l'aide de séparateurs et d'une règle marquée en centièmes de pouce : Mesurez d'abord la longueur extrême du bout du bec à l'extrémité de la queue ; puis l'extrême étendue de l'aile d'un bout à l'autre ; puis la longueur d'une aile depuis l'articulation scapulaire jusqu'à la pointe de la plume la plus longue ; ensuite, la longueur de la queue depuis l'extrémité de la plume la plus longue jusqu'à sa base à l'insertion dans les muscles ; maintenant la longueur du bec le long du culmen ou de la corde des mandibules supérieures ; et du tarse, de l'articulation tarsienne à la base des orteils. J'ai une feuille vierge lignée et je la remplis selon l'échantillon (page 62).

CAMPEPHILUS PRINCIPALIS.

No n.	Sex e.	Localité .	Date.	Longue ur.	Extensib le.	Ail e.	Queu e.	Factur e.	Tars e.	Couleur de			Remarqu es.
										Œil .	Factur e.	Pieds.	
193 6	♂	Gulf Hummo ck, Floride.	20 novemb re 1882	20h35	31h00	9h3 0	6h35	2,75	1,80	Jaun e	blanc ivoire	Verdât re	Plumage, nouveau
193 7	♀	»	»	19h75	30h00	9h0 0	6h25	2,65	1,60	»	»	»	»
193 8	♂	»	»	21h00	32h00	9h6 0	6h50	2,80	2h00	»	»	»	»

Non.	1936	1937	1938
Sexe.	♂	♀	♂
Localité.	Gulf Hummock, Floride.	»	»
Date.	20 novembre 1882	»	»
Longueur.	20h35	19h75	21h00
Extensible.	31h00	30h00	32h00
Aile.	9h30	9h00	9h60

			6h25	6h50
Queue.		6h35	6h25	6h50
Facture.		2,75	2,65	2,80
Tarse.		1,80	1,60	2h00
Couleur de	Œil.	Jaune	»	»
	Facture.	blanc ivoire	»	»
	Pieds.	Verdâtre	»	»
Remarques.		Plumage, nouveau	»	»

SECTION IX. : RECONSTITUTION DE VIEILLES PEAUX. — Il est parfois souhaitable, dans le cas d'oiseaux rares, de transformer en peaux présentables des spécimens mal préparés. Préparez une boîte de mouillage en plaçant une quantité de sable, humidifié de manière à ce que l'eau s'égoutte, dans n'importe quel récipient métallique muni d'un couvercle hermétique. Enveloppez ensuite l'échantillon à refaire dans du papier, posez-le sur le sable et recouvrez-le d'un linge humide plié plusieurs fois. Placez le couvercle sur le récipient et placez-le dans un endroit modérément chaud pendant environ vingt-quatre heures si l'échantillon est petit, plus longtemps s'il est grand. Au bout de ce temps, la peau sera tout à fait souple. Retirez ensuite le coton et examinez attentivement l'intérieur de la peau, et s'il y a des endroits durs dus à une peau trop épaisse, grattez-les avec un couteau émoussé ou, mieux, utilisez notre râpe à peau, et ainsi les affiner . jusqu'à ce que les plumes ci-dessus soient aussi flexibles que dans toute autre partie. S'il y a de la graisse sur les plumes ou à l'intérieur de la peau après le grattage, laver avec de l'essence et sécher avec un conservateur comme décrit. Lorsque chaque partie du spécimen est parfaitement souple et que toute chair séchée superflue a été enlevée, cousez les déchirures et maquillez-les comme chez les oiseaux frais, mais ces peaux nécessitent généralement une reliure plus soignée. Il est également souvent nécessaire de câbler le cou, même des petits oiseaux, en particulier dans le cas de peaux très brisées et pourries.

CHAPITRE IV.
MONTAGE DES OISEAUX.

SECTION I. : INSTRUMENTS. — Les instruments nécessaires au montage sont des pinces coupantes (fig. 12), ou des cisailles à étain, des pinces à bec droit (fig. 11), des fils de différentes tailles, des pinces et autres instruments utilisés dans la fabrication de la peau ; des poinçons à pattes pour peaux séchées et des poinçons pour supports de forage ; également des stands de toutes sortes.

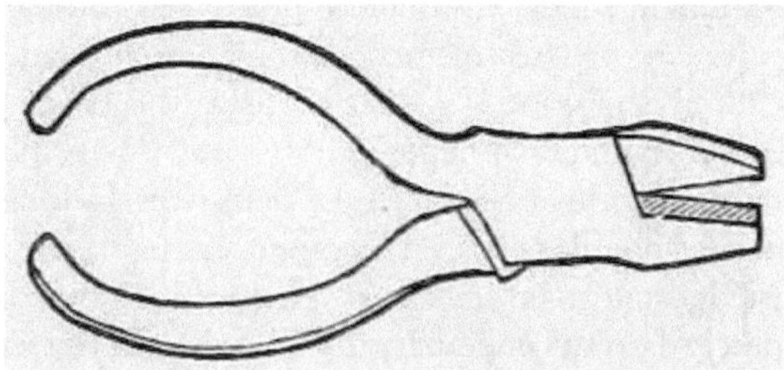

FIGURE 11.

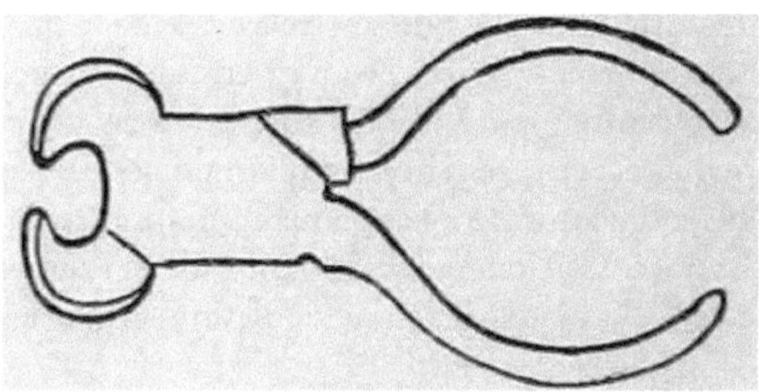

FIGURE 12.

SECTION II. : MONTAGE À PARTIR DE SPÉCIMENS FRAIS. — Assurez-vous qu'une peau est parfaitement propre à tous points de vue avant de tenter le montage, car elle ne peut pas être aussi bien lavée par la suite. Retirez bien à l'écart tous les corps des spécimens écorchés et étalez une feuille de papier propre à l'endroit où l'écorchage a été effectué, afin qu'il n'y ait aucun danger de souiller le plumage. Il est préférable de faire un corps avec de l'herbe fine, excelsior, ou mieux, de l'herbe dure et particulière qui pousse dans les endroits ombragés, dans un sol sablonneux, en l'enroulant avec du fil, en le modelant de manière à le rendre bien solide, en le façonnant dans les mains. jusqu'à ce qu'il prenne la longueur et la largeur exactes du corps enlevé, et aussi près que possible de sa forme. Assurez-vous donc que le dos est plus plein que le dessous et qu'il y a une poitrine bien définie. Il faut faire très attention à ne pas rendre ce corps plus grand que le corps naturel ; au contraire , il devrait être plus petit. Avec la pince, coupez un morceau de fil de fer de la bonne dimension, c'est-à-dire environ la moitié du diamètre du tarse de l'oiseau et environ trois fois la longueur du corps. Lors de la coupe de tous les fils à affûter, la coupe doit être effectuée en diagonale, formant ainsi une pointe. Poussez ce fil à travers le corps de manière à ce qu'il émerge à l'avant beaucoup plus près de l'arrière que de la poitrine, en dépassant de manière à ce qu'il soit égal à la longueur du cou et de la langue du corps retirés. Pliez l'extrémité restante à l'arrière, rabattez-en environ la moitié et enfoncez-la dans le corps (Fig. 13 , c). Cela tiendra fermement si le corps a été rendu suffisamment solide. Enroulez le fil avec du coton en prenant une bande et en l'enroulant progressivement afin qu'il prenne une forme effilée avec une partie du fil dépassant. Placez ce corps dans la peau et poussez le fil qui dépasse dans la mandibule supérieure. Coupez deux fils d'environ la moitié de la taille de celui déjà utilisé et deux fois la longueur de l'aile déployée. Insérez-les dans les ailes, en commençant par la partie charnue des phalanges, ainsi de suite dans le corps, en prenant soin de ne pas leur permettre de percer la peau nulle part. Le fil doit pénétrer dans le corps à l'endroit où l'extrémité de la partie inférieure de l'avant-bras le touche lorsque l'aile est pliée naturellement. Passez le fil à travers le corps en diagonale jusqu'à ce qu'il ressorte afin qu'il puisse être saisi avec la pince quelque part près de l'orifice et fermement serré. Trouvez ensuite l'os métacarpien, qui a un endroit creux au centre (Fig. 14 , f), et forcez l'extrémité supérieure du fil à travers lui de manière à ce qu'environ un quart de pouce dépasse sur la face supérieure de l'aile, et rabattez-le en appliquant un mors de la pince plate sur le côté de l'aile opposé. Cela fixera fermement l'aile et l'aile parasite couvrira le fil, tandis que celle du côté inférieur sera dissimulée par les plumes. L'aile doit être tendue lorsque cela est fait.

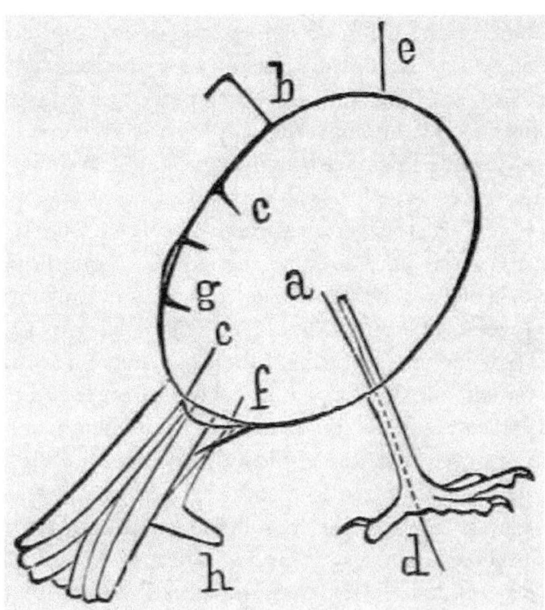

FIGURE 13.

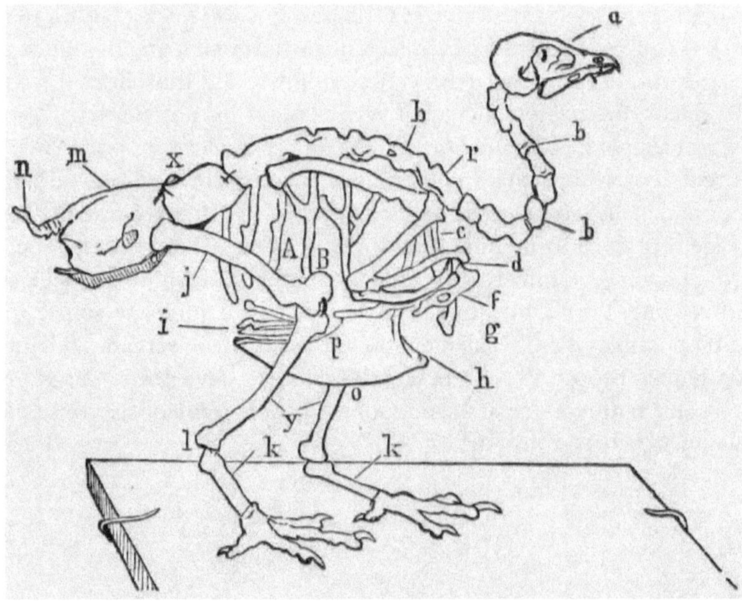

FIGURE 14.

Coupez du fil pour les pattes de la même taille que celui utilisé pour le cou et à peu près aussi long. Faites-les passer par le tarse en les insérant au milieu de la plante du pied. Assurez-vous que le fil est parfaitement droit avant d'essayer cela. Une bonne façon de redresser le fil est de placer une planche de pin sur le sol, de se tenir dessus, puis de tirer une longue longueur de fil en dessous en saisissant l'extrémité avec une pince ; ou un petit morceau de fil peut être redressé en le faisant rouler sur le banc avec une lime. Si la peau du tarse se fend lors de l'alésage, cela indique que le fil utilisé est soit trop gros, soit tordu. Après avoir poussé le fil jusqu'au talon ou à l'articulation tarsienne (Fig. 15 , f), tourner l'os tibial jusqu'à ce que la pointe du fil apparaisse, puis la saisir et la tirer de manière à ce que la pointe dépasse légèrement au-delà de l'articulation tibiale. articulation. Enveloppez l'os tibial, le fil et le tout, avec du coton ou de l'étoupe (dans les gros spécimens, le fil doit être lié à l'os avec un fil ou un fil fin) de manière à former une jambe naturelle, puis ramenez-le dans la peau. Ensuite, forcez le fil à travers le corps au point où le genou le touche, ou à peu près à mi-chemin sur le côté. Le fil sortira du côté opposé. Rabattez la peau de l'orifice, tirez le fil, en laissant suffisamment de saillie hors de la plante du pied pour passer à travers le perchoir d'un support et serrez-le ; puis fixez fermement l'extrémité dans le corps. Sur les grands oiseaux, comme les aigles, je passe le fil à travers le corps deux fois avant de le serrer, pour que tout soit sécurisé. Ce travail doit être bien fait pour que l'oiseau soit bien monté, car il doit tenir fermement sur ses pattes. En règle générale, utilisez un fil suffisamment gros, au moins, pour supporter le poids du corps et de la peau sans se plier, mais un fil de la moitié de la taille du tarse est généralement suffisamment grand pour ce faire. Coupez un fil de queue au moins aussi long que l'oiseau entier. Insérez-le sous la queue, de manière à ce qu'il pénètre dans les muscles dans lesquels s'incarnent les plumes, en prenant soin de ne pas les écarter ; poussez-le vers le centre du corps pour qu'il émerge sous un angle juste au niveau de la partie supérieure de l'orifice, et serrez-le. Pliez deux fois l'extrémité restante sous la queue, de manière à former un T sur lequel la queue peut reposer, et qui doit cependant avoir le sommet suffisamment large pour étendre la queue sur la largeur requise. Lors du câblage, veillez à ce que le plumage soit le moins ébouriffé possible ; évitez également les salissures en conservant l'échantillon sur du papier propre. Si par hasard les plumes deviennent grasses, elles peuvent être nettoyées en les saupoudrant généreusement de conservateur cutané, qui est ensuite brossé.

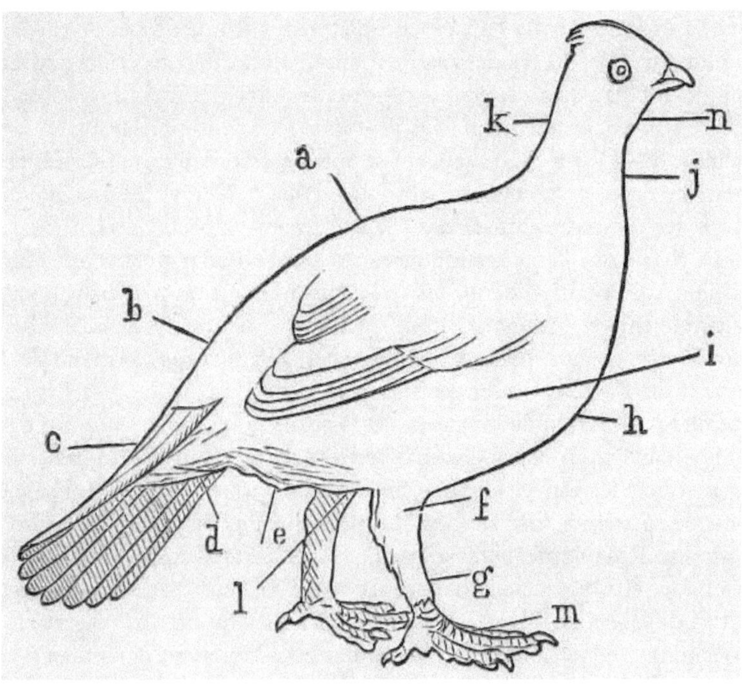

FIGURE 15.

Cousez soigneusement l'orifice, en prenant soin, comme décrit précédemment, de ne rentrer que l'extrême bord extérieur de la peau ; et, si le corps n'est pas trop grand, il se réunira bien. Si le corps n'est pas assez grand, notamment au niveau de la poitrine, un peu de coton peut être placé entre la peau et le corps avant de coudre. Cela doit être fait soigneusement, avec une pince à épiler cependant, non pas de manière à former une boule, mais étalé de manière à se fondre parfaitement avec la courbe du corps. Placez maintenant les fils qui dépassent des pieds dans les trous percés dans le perchoir du support, qui doivent être à peu près aussi éloignés que l'oiseau se tient naturellement lorsqu'il se perche. Assurez-vous que les pieds descendent bien sur le perchoir avec les orteils bien disposés, en vous rappelant que les coucous, les pics, etc., ont deux orteils devant et deux derrière, tandis que chez les faucons, les hiboux, etc., l'orteil extérieur se trouve généralement à droite. angles avec les autres, et doit donc saisir l'extrémité du support. Torsadez les extrémités du fil ensemble ou enroulez-les très fermement autour du support. Vient maintenant la partie la plus difficile du montage. Jusqu'ici tout a été purement mécanique ; certaines règles devaient seulement être respectées. Mais maintenant, l'instructeur doit s'arrêter, faute de mots pour exprimer ce qu'il veut dire, car qui peut dire à un artiste comment insérer ces traits audacieux et précipités avec lesquels il trace son tableau ? Cependant, il sait exactement de quoi il s'agit, car il a devant sa vision mentale l'image complète et s'efforce de placer sur la toile ce qui lui apparaît. Le taxidermiste artistique doit donc avoir devant lui une vision de l'oiseau qu'il souhaite représenter, avec la masse combinée de plumes maintenant en main. Qu'il soit légèrement prêt pour le vol ou calmement assis au repos, avant de se mettre à l'ouvrage, laissez-le décider pleinement de ce qu'il souhaite produire. Laissez-le le voir aussi clairement qu'il voit les oiseaux s'amuser dans leur élément naturel. Le véritable artiste ne copie pas ce que l'imagination des autres a produit, il invente lui-même ou prend la nature pour guide. Nous qui aspirons donc au plus haut niveau de l'art taxidermique, prenons pour guide la nature infaillible. Étudiez attentivement chaque posture des oiseaux, chaque soulèvement de l'aile, chaque tour de tête ou chaque mouvement des paupières. J'ai depuis longtemps pris l'habitude de garder les oiseaux en confinement afin de bien imprimer dans mon esprit les différentes attitudes qu'ils adoptent. J'ai eu presque toutes les espèces de nos hiboux, faucons et aigles, et j'ai gardé des hérons, des goélands, des sternes, des pélicans, des pingouins et un nombre presque incalculable de petits oiseaux, et de cette façon je suis devenu si familier avec eux que je peux d'un seul coup d'œil si un oiseau est monté dans une attitude facile. Eh bien, il ne faut pas hésiter à monter des oiseaux, sinon les spécimens sécheront ; et je me contenterai d'indiquer dans quel ordre je dispose les différents membres, puis de laisser les attitudes à mes élèves. Je vois d'abord que l'oiseau se tient correctement, que les pattes sont pliées pour que l'oiseau s'équilibre bien dans la position dans laquelle je souhaite qu'il soit placé. En règle générale, une ligne perpendiculaire tracée à l'arrière de la tête d'un oiseau perché passe par ses pattes (voir Fig. 16 , *aa*). Maintenant, mettez l'oiseau en position et pliez les ailes exactement comme il le fait. Notez si les scapulaires, les tertiaires et les secondaires sont à leur place, les premiers en haut et les autres en dessous, ce qui donnera à l'oiseau un bon dos arrondi. Placez maintenant l'oiseau dans la bonne attitude, avec le cou correctement plié, en vous rappelant que chez presque tous les oiseaux, cela prend presque la forme de la lettre S, en particulier chez les espèces à long cou. Je n'aime pas voir un oiseau regarder droit devant lui, mais, comme il s'agit d'une simple question de fantaisie, je n'aurai pas la prétention de dicter ses attitudes, je donnerai seulement au spécimen un aspect facile. Soyez artistique, même si le spécimen est destiné à un musée public, où les oiseaux regardent trop souvent les visiteurs avec des attitudes grotesques. On peut être intéressant et facile même en écrivant sur le sujet scientifique le plus aride ; pourquoi ne pas alors donner de l'aisance et de la grâce à nos spécimens de musée ? Plus aucune pièce n'a besoin d'être occupée ; un léger tour de tête, une torsion du cou ou une avancée d'un pied feront cela tout comme le ferait un oiseau s'il était vivant. Maintenant, placez les yeux en position, et ceux-ci doivent être bien enfoncés dans l'argile, et les paupières disposées dessus naturellement avec une aiguille. N'ayez pas les yeux trop grands, car cela donne à l'oiseau une expression fixe, ni trop petits, mais aussi proches que possible des yeux naturels. Il serait bon, en commandant des yeux chez un revendeur, de donner les mesures de l'œil requis en centièmes de pouce. Un œil bien coloré ne devrait pas, à mon avis, avoir trop de verre clair ou silex devant la pupille. Celui-ci devrait être plus fin et donc plus plat, comme le voient les fabricants allemands. En ce qui concerne la coloration parfaite, les yeux français sont les meilleurs et les plus expressifs, mais ils n'ont pas la planéité requise et la finesse de silex que possèdent les yeux allemands. Les yeux anglais peuvent être mentionnés en troisième position dans le catalogue de qualité, tandis que l'Amérique doit malheureusement arriver en dernière position. Mais les remarques ci-dessus ne sont vraies qu'en ce qui concerne les yeux colorés, car les yeux noirs sont presque toujours bons, quel que soit le lieu de fabrication.

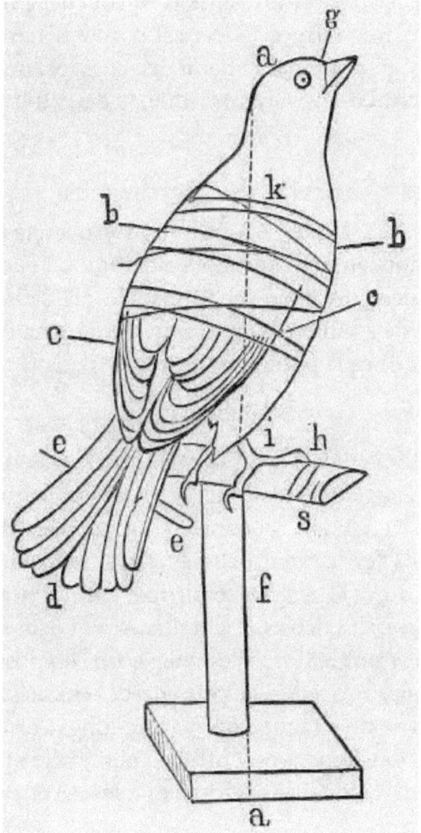

FIGURE 16.

Une fois l'oiseau placé dans l'attitude requise, lissez les plumes à l'aide d'une petite pince à épiler, en notant que toutes les lignes et taches sont à leur place.

Les piquants primaires doivent être maintenus en position par serrage avec du fil fin ; c'est-à-dire qu'un morceau de fil doit être plié sur lui-même comme une épingle à cheveux et glissé sur le bord de l'aile. Écartez la queue en la posant sur la traverse de fil en dessous, et fixez-la avec un morceau de fil très fin, que l'on enroule autour de chaque extrémité de la traverse. Si la queue doit être très largement écartée, faites passer un fil à travers les deux piquants extérieurs, les gardant ainsi séparés ; même si, même dans ce cas, la pince doit être utilisée. Si une queue convexe ou concave est souhaitée, liez la traverse de manière correspondante. En règle générale, je ne recommande pas d'attacher les oiseaux fraîchement écorchés et je ne considère pas cela comme nécessaire, sauf dans les cas où les plumes sont rugueuses. Si un oiseau est correctement monté, quelques pinces supplémentaires sur les ailes le maintiendront en forme ; alors les plumes peuvent êtrc faites ressortir comme elles le font dans la nature, et non se coucher près du corps comme si les oiseaux étaient très effrayés. Ceci est particulièrement visible chez les hiboux ; un hibou parfaitement heureux et satisfait, qui poursuit ses vocations, a apparemment un corps presque ou deux fois plus diamètre qu'un hibou effrayé.

SECTION III. : OISEAUX À CRÊTE. — Si un oiseau a une crête, il convient de la relever en tirant doucement la peau vers l'avant, où elle restera en position une fois soigneusement disposée ; mais dans le cas d'une peau desséchée, il peut être nécessaire de soutenir la crête avec un morceau de coton moulé sur la tête d'une épingle dont la pointe est enfoncée dans la tête.

SECTION IV. : MONTAGE AVEC AILES DÉPLOYÉES. — Dans le dépouillement des ailes déployées, laisser dans l'humérus ainsi que l'avant-bras, et ne pas détacher les piquants, comme déjà dit. Câblez l'aile de l'intérieur et serrez-la fermement dans le corps ; envelopper l'humérus à sa taille naturelle avec du coton, après avoir fixé le fil de support à l'os avec du fil ou du fil fin. Poussez les deux fils simultanément dans les épaules du corps artificiel, tout en poussant le fil cervical et le corps en position. Cela peut être appris par la pratique. Procédez comme précédemment, mais soutenez les ailes tout en les fixant de chaque côté par de longs serre-fils. Assurez-vous cependant que le fil de support est suffisamment solide pour maintenir l'aile en position sans ceux-ci, et ainsi lorsque les ailes seront sèches , elles seront très solides.

SECTION V. : MONTAGE DES OISEAUX POUR LES ÉCRANS, ETC. — Procédez comme pour les spécimens avec les ailes déployées, mais parfois les ailes doivent être coupées, cousues sur les côtés opposés, afin qu'elles puissent être inversées ; c'est-à-dire que l'arrière de l'aile peut être dirigé vers la poitrine dans les cas où l'on souhaite que l' arrière des ailes et la poitrine soient visibles. Il est habituel d'étendre les ailes au-dessus de la tête, qui émerge entre elles. Il est préférable de maintenir les ailes en place avec des bandes de carton fixées ensemble avec du fil de fer. Parfois, les deux côtés du spécimen sont visibles ; ou, dans d'autres cas, le dos est recouvert de papier, de soie, de velours ou d'un autre matériau.

SECTION VI. : MONTAGE DES PEAUX SÉCHÉES. — Adoucir comme indiqué lors de la confection de peaux séchées, en respectant les précautions données dans cette section, et rendre la peau très souple. Les cavités oculaires peuvent être comblées par la bouche ou par l'intérieur de la peau. Si la peau est trop tendre pour se retourner, râpez-la en passant par l'orifice. Montez comme indiqué sur des spécimens frais, mais les peaux séchées doivent presque toujours être liées avec du coton enroulé afin de maintenir les plumes en place. Ils nécessitent également un rembourrage en coton un peu plus dur. Celui-ci doit être enroulé autour de l'oiseau avec une ficelle aussi continue que possible jusqu'à ce que toutes les plumes reposent en douceur. Ils peuvent être disposés sous les reliures avec une petite pince à épiler. Evitez de serrer ou de serrer trop fort, et surtout de serrer les choses uniformément, c'est-à-dire de ne pas faire de dépressions ni de laisser apparaître des élévations, car, en règle générale, celles-ci subsisteront toujours une fois les fixations enlevées. Les petits oiseaux doivent être laissés au repos au moins une semaine dans un endroit sec avant de retirer les attaches. Les oiseaux montés sur des peaux sèchent plus rapidement que sur des spécimens frais. Les grands oiseaux doivent rester debout de deux semaines à un mois, surtout si les ailes sont déployées. Pour retirer les fils de reliure, coupez le dos et enlevez ainsi le tout d'un seul coup.

SECTION VII. : PRIX POUR LES OISEAUX EN TRAIN DE MONTER. — Pour la commodité des amateurs, qui ne savent pas toujours à quel prix mettre un bon travail, nous donnons notre grille de prix pour le montage d'exemplaires sur supports ornementaux. Taille du colibri au rouge-gorge, un dollar et vingt-cinq cents ; du merle au pigeon sauvage, un dollar et cinquante cents ; pigeon sauvage au tétras, deux dollars ; tétras, canards, chouettes, deux dollars et cinquante cents ; grands faucons et hiboux de taille moyenne, trois dollars et cinquante cents ; les huards et les grands hiboux, cinq dollars ; aigles, sept dollars. Pour les oiseaux aux ailes déployées, ajoutez trente-trois et un tiers pour cent.

TRAVAIL SUR PANNEAU.— PIÈCES DE JEU, ETC. —Le travail sur panneau est réalisé en utilisant seulement la moitié d'un spécimen, le côté arrière étant retourné ou retiré. Le spécimen est monté comme d'habitude et fixé au tableau ou à tout autre dessin utilisé comme fond, par des fils sortant du côté et fermement serrés dans le corps. Les pièces de jeu sont fabriquées en montant simplement le spécimen, puis en le plaçant dans une attitude comme s'il était pendu mort. Beaucoup de compétences et d'études sont requis pour un travail de cette nature, car s'il est fait avec négligence, il a l'effet d'une mauvaise peinture, mais s'il est bien terminé, le panneau et les pièces de jeu produisent un effet agréable. Tous ces travaux doivent généralement être placés derrière une vitre, comme c'est d'ailleurs le cas pour tous les oiseaux montés, en particulier les oiseaux au plumage clair, qui sont susceptibles de se salir en raison de l'exposition à la poussière. Les oiseaux montés, qui ne sont pas conservés dans des caisses à l'épreuve des mites, doivent être soigneusement époussetés au moins deux fois par semaine pour éviter les attaques de mites.

CHAPITRE V.
PRENDRE DES POSITIONS.

SECTION I. : STANDS SIMPLES. — Les meilleurs supports pour le cabinet sont de simples supports en bois, soit en pin, soit en autres bois, tournés par des machines avec une simple traverse pour les oiseaux percheurs. En règle générale, la tige doit être à peu près aussi haute que la traverse est longue, mais dans le cas de spécimens à longue queue, la tige doit être un peu plus haute, tandis que la base doit légèrement dépasser en diamètre la longueur du perchoir. et doit être à peu près aussi épais que le diamètre le plus court des autres pièces.

SECTION II. : STANDS ORNEMENTAUX. — Le papier mâché utilisé pour fabriquer des supports ornementaux est assez difficile à réaliser, mais voici la recette : Réduisez le papier en une pâte parfaite en le faisant bouillir puis en le frottant au tamis. À chaque litre de cette pulpe, ajoutez une pinte de fines cendres de bois et une demi-pinte de plâtre. Chauffez cette masse sur le feu, et ajoutez à chaque litre un quart de livre de colle soigneusement dissoute dans un pot à colle. Bien mélanger jusqu'à ce qu'il ait la consistance d'un mastic, lorsqu'il est prêt à l'emploi.

En fabriquant une brindille pour un perchoir ordinaire, fixez un fil de fer moyennement résistant dans une base en bois ; enroulez-le avec du coton, plus large à la base, effilé vers l'extrémité ; pliez-le en position et recouvrez-le d'une couche de papier mâché , puis avec un peigne indiquez les crêtes de l'écorce d'un arbre, et ajoutez des nœuds et des excroissances à volonté, en moulant de petits morceaux avec les doigts. Laisser sécher quelques jours. Si le papier mâché se fissure, il ne contient pas une quantité suffisante de colle ou s'il rétrécit trop, il faut ajouter davantage de cendre ou de plâtre. Lorsque vous peignez à sec avec des aquarelles, faites en ajoutant de la peinture sèche à de la colle blanche dissoute, en remuant jusqu'à ce que le mélange ait la consistance d'une crème. Un quart de livre de colle nécessitera une livre de peinture. Recouvrez le fond du support avec cette peinture, ou avec une autre couleur, puis saupoudrez abondamment de smalt ou de sable de mica. Une fois sèches, ajoutez des feuilles artificielles aux branches en enroulant les tiges autour d'elles. Garnissez le bas du support avec de la mousse et de l'herbe fixées avec de la colle. Les supports pour vitrines sont fabriqués de la même manière, mais c'est une amélioration que de toucher le fond ici et là avec de la peinture sèche de différentes couleurs. Un morceau de miroir peut être utilisé pour imiter l'eau ; et les canards dont les parties inférieures ont été coupées peuvent y être placés avec un bon effet. Un très bon support peut être réalisé simplement en enroulant un fil avec du coton et en peignant le coton. Le coton peut être transformé en une sorte de papier mâché en le trempant dans de la pâte de farine. Les ouvrages en pierre sont faits soit de papier mâché , de liège, de blocs de bois ou de morceaux de gazon peints et poncés, soit en collant du papier épais sur des morceaux de bois, et toute la structure est peinte et poncée. Si du papier mâché est utilisé, l'effet peut être renforcé en collant des morceaux de quartz ou d'autres roches. Les souches naturelles, les branches, etc., peuvent être avantageusement transformées en supports ou en caisses ; bref, à l'aide du papier mâché , de la colle, de la mousse, des herbes, du smalt, etc., la nature peut être imitée de diverses manières.

DEUXIEME PARTIE.
MAMMIFÈRES, REPTILES, ETC.

CHAPITRE VI.
COLLECTE DE MAMMIFÈRES.

Les mammifères sont, en règle générale, beaucoup plus difficiles à se procurer que les oiseaux, surtout les plus petites espèces. Les souris sont présentes dans toutes les localités. Les souris à pattes blanches se trouvent souvent dans les nids déserts des écureuils ou des corbeaux à la cime des arbres. Les souris sauteuses se trouvent dans les prairies, sous les foin ou dans les nids profondément enfouis pendant l'hiver, période pendant laquelle elles sont en dormance. Des mulots de plusieurs espèces se rencontrent dans les prairies, où ils font des nids, tandis que la souris domestique et plusieurs espèces de souris habitent les habitations. Tous ces petits rongeurs peuvent être piégés à l'aide d'appâts variés, de même que les écureuils, qui sont pourtant assez faciles à tirer. Les écureuils gris, roux et volants vivent dans des nids placés dans des buissons ou des arbres ou dans des trous dans des troncs d'arbres. Les musaraignes et les taupes s'enfouissent dans le sol et peuvent être capturées en plaçant de fins nœuds coulants dans leurs trous. Les chats amènent souvent ces petits mammifères et les laissent traîner car ils les mangent rarement. Une fosse creusée en plein champ ou un tonneau posé avec le dessus au ras du sol et à moitié rempli d'eau seront le moyen de capturer de nombreux petits mammifères rares qui y tomberont accidentellement. Le vison, la belette, la loutre, les lapins, les mouffettes, etc. peuvent être piégés ou abattus. Une variété d'appâts peut être utilisée pour attirer les animaux de cette classe, et le contenu des sacs odorants de chacune de ces espèces est bon ; ainsi que des poissons, des oiseaux ou des petits mammifères. Les renards, les loups, etc., qui se trouvent dans les régions les plus sauvages, peuvent être abattus ou piégés, et il en est de même pour les chats sauvages, les pumas et autres grands mammifères, pour lesquels le chasseur doit être guidé par les circonstances.

CHAPITRE VII.
FABRICATION DE PEAUX DE MAMMIFÈRES.

SECTION I. : DÉPEÇAGE DES PETITS MAMMIFÈRES. — Couchez l'animal sur le dos, faites une incision sur environ un tiers de la longueur du corps sur la face inférieure du corps, depuis l'évent vers l'avant, décollez de chaque côté jusqu'à ce que les os du genou soient exposés, puis coupez l'articulation. et tirez la jambe, au moins jusqu'au talon. Retirez la chair, couvrez bien de conservateur, retournez, puis procédez ainsi avec la cuisse opposée. Tirez vers la queue et retirez l'os en plaçant un bâton sur la face inférieure et en appuyant vers l'arrière. Si le coccyx ne sort pas facilement, comme chez le rat musqué, enveloppez-le dans un tissu et martelez-le avec un maillet en bois, et il sortira alors sans autre problème. Décollez de chaque côté jusqu'à ce que les pattes avant apparaissent, coupez les articulations des coudes et retirez-les ; retirer la chair, couvrir de conservateur et retourner. Peau sur la tête, en ayant soin de couper l'oreille près du crâne, afin de ne pas percer la surface extérieure ; abaissez les bords, coupez entre les paupières et les orbites jusqu'aux lèvres, coupez entre celles-ci et l'os, mais près de celui-ci, enlevant ainsi entièrement la peau du crâne ; bien recouvrir la peau de conservateur, après avoir enlevé tout le gras et les morceaux de chair excédentaires. Retournez ensuite la peau, détachez le crâne du corps, en coupant soigneusement entre l'atlas, la dernière articulation vertèbre, et le crâne. Le crâne doit être bouilli pour éliminer toute la chair et le cerveau ; ou, si cela ne peut pas être fait facilement, et si le mammifère est très petit, roulez-le dans un conservateur et posez-le sur le côté ; si l'animal est grand, coupez toute la chair possible, et extrayez le cerveau par l'ouverture de la base du crâne. Il est cependant toujours préférable de retirer la chair en la faisant bouillir ; après quoi il faut veiller à attacher fermement la mâchoire inférieure à la mâchoire supérieure.

SECTION II. : DÉPEÇAGE DES GRANDS MAMMIFÈRES. — Les grands mammifères doivent être écorchés en pratiquant une incision croisée sur toute la longueur de la poitrine, entre les pattes antérieures jusqu'à l'évent, puis sur le dessous de chaque patte jusqu'aux pieds. Retirez la peau mais laissez deux os et les articulations de chaque jambe. Lorsque vous retirez les cornes d'un cerf ou d'un autre ruminant, faites des coupes transversales entre les cornes, puis redescendez sur le cou sur une courte distance. Les lèvres d'un grand mammifère doivent être soigneusement ouvertes et les oreilles tournées jusqu'au bout ; cela peut être fait avec un peu de pratique. Couvrir d'un conservateur bien frotté et sécher le plus rapidement possible sans se déchirer.

SECTION III. : FABRICATION DE PEAUX DE MAMMIFÈRES. — Éliminer tout sang et toute saleté, soit par lavage, soit par brossage continu avec une brosse dure. Sécher avec un conservateur : bien frotter dans les cheveux. Retirez les os de la jambe, enveloppez-les bien avec du coton à la taille originale de la jambe ; puis remplissez la tête à la taille et à la forme de la vie, en cousant le cou, et remplissez le corps à la taille de la nature avec du coton ou de l'étoupe. Recoudre l'orifice, puis poser la peau, ventre vers le bas, pieds bien posés ; et si la queue est longue, posez-la sur le dos.

Les souris et autres petits mammifères ne doivent pas avoir l'os de la queue retiré, car la peau ne peut pas être remplie et retournée facilement sur le dos. Les grands mammifères peuvent également être maquillés s'ils doivent être utilisés pour des armoires ou des peaux.

SECTION IV. : MESURE DES MAMMIFÈRES. — Il est aussi facile de mesurer les mammifères que les oiseaux. Les dimensions à prendre peuvent être vues par le formulaire rempli qui l'accompagne, qui est le formulaire que j'utilise toujours.

Arctomys monax.

Locality.	Age.	Sex.	Date.	No.	Nose to					Tail to			Hand.		Height of Ear.	Muzzle.	Girth.	Skull[*]		Remarks
					Eye.	Ear.	Occiput.	Root of Tail.	Outstretched Hind Leg.	End of Vertebra.	End of Hair.	Hind Leg.	Length.	Width.				Length.	Width.	
Ipswich	Adult	♂	Aug. 22	58	1.50	2.95	2.30	13.00	15.00	4.98	6.00	3.10	2.10	.78	.85	.20	—	—	—	Light colored.
"	"	♀	" 20	55	1.57	2.80	3.45	15.50	20.15	4.50	6.75	2.80	1.85	.92	.75	—	14.50	—	—	" "
"	"	♀	" 13	43	1.32	2.94	3.45	15.25	19.50	5.45	7.60	2.95	2.05	.70	.65	.15	9.75	—	—	Top of head black.

	Localité.	Ipswich	»	»
	Âge.	Adulte	»	»
	Sexe.	♂	♀	♀
	Date.	22 août	" 20	» 13
	Non.	58	55	43
Nez à	Œil.	1,50	1,57	1.32
	Oreille.	2,95	2,80	2,94

	Occiput.	14h30	3.45	3.45
	Racine de queue.	13h00	15h50	15h25
	Patte postérieure tendue.	15h00	20h15	19h50
Queue à	Fin de vertèbre.	4,98	4,50	5h45
	Fin des cheveux.	6h00	6,75	7h60
Main.	Patte postérieure.	3.10	2,80	2,95
	Longueur.	2.10	1,85	2.05
	Largeur.	.78	.92	.70
Hauteur de l'oreille.		.85	.75	.65
Museau.		.20	—	.15
Circonférence.		—	14h50	9h75
Crâne [*]	Longueur.	—	—	—
	Largeur.	—	—	—
Remarques		Lumière colorée.	" "	Haut de la tête noir.

CHAPITRE VIII.
MONTAGE DE MAMMIFÈRES.

SECTION I. : PETITS MAMMIFÈRES. — Peau comme indiqué, mais le crâne ne doit, en règle générale, être détaché que si l'animal est assez grand pour avoir les lèvres fendues. Les cavités oculaires doivent également être remplies d'argile. Coupez un morceau de fil de la taille appropriée pour soutenir la tête ; ayez-le environ deux fois plus long que la tête et le corps du spécimen en main. Enroulez un tour ou deux avec la pince suffisamment petite pour pénétrer dans la cavité de la base du crâne, qui devra être élargie pour permettre l'extraction facile des cerveaux. Placez la partie enroulée du fil dans cette cavité et remplissez autour d'elle soit avec du plâtre de Paris , soit avec de l'Excelsior, de l'étoupe ou du coton suffisamment fermement pour maintenir le crâne parfaitement fermement sur le fil. Enroulez un corps d'Excelsior ou d'herbe, aussi près que possible de la forme et de la taille de celui enlevé, en prenant soin que le cou soit de forme appropriée et que la surface soit très lisse.

Cette surface peut être recouverte d'une fine couche d'argile ou de papier mâché , si l'on souhaite une très belle surface lisse, dans le cas de mammifères à poil court. Coupez quatre fils pour les pattes et un pour la queue. Faites passer le fil le long des pattes avant et attachez-les fermement à l'os avec du fil fin, en particulier au niveau des articulations. Enroulez maintenant chaque jambe avec du coton, du chanvre ou de l'étoupe selon la taille et la forme des muscles retirés. Afin d'obtenir des jambes très exactes, on peut blesser l'une avant d'enlever les muscles de l'autre, et on peut ainsi prendre des mesures. Les pattes peuvent également être recouvertes de papier mâché ou d'une fine couche d'argile chez les mammifères à poil court. Placez maintenant le corps en position, en prenant soin que le fil de la tête s'étende sur toute la longueur du corps et soit fermement serré.

Les fils des pattes avant doivent pénétrer dans le corps au bon endroit sur l'épaule. Les fils des pattes postérieures doivent également pénétrer dans le corps au point situé près du dos, là où ils rejoignent le corps naturel. Faites passer un fil sur toute la longueur de la queue et fixez-le à l'extrémité inférieure du corps. Assurez-vous que tous les fils sont fermement serrés et cousez l'orifice. Pliez les jambes dans une position aussi naturelle que possible et insérez les fils dépassant de la plante des pieds dans les trous du support ou du perchoir ; pliez le corps en position, insérez les yeux, en disposant soigneusement les paupières dessus, en prenant soin que l'œil ait la forme appropriée dans les coins.

Disposez les paupières et les oreilles en les modelant de temps en temps pendant qu'elles sèchent. Lissez soigneusement la queue et soignez tous les petits détails, comme l'écartement des orteils, etc., et surveillez-les attentivement de jour en jour, jusqu'à ce que l'animal soit parfaitement sec.

SECTION II. : GRANDS MAMMIFÈRES. — En traçant les limites entre les mammifères montés comme décrit ci-dessus et la présente méthode, il convient de remarquer que celle donnée ici est la meilleure dans tous les cas, mais qu'elle nécessite un peu trop de temps pour être utilisée avec de très petits spécimens. Installez cinq gros fils ou boulons d'une taille appropriée pour soutenir le mammifère, coupez-les à la bonne longueur et coupez une vis à chaque extrémité sur environ deux pouces (Fig. 17, *a*). Vissez un écrou plat large (Fig. 17, *b*), puis préparez un autre écrou à visser au-dessus du premier. Préparez une bande de planche un peu plus courte que le corps naturel du mammifère, et percez-y quatre trous, deux à chaque extrémité, avec un supplémentaire entre les deux, mais un peu en arrière sur l'extrémité avant. Après avoir plié les boulons de manière à former les pieds, placez les extrémités dans les trous et vissez les écrous, placez les extrémités inférieures des fers dans les trous du support et vissez les écrous, ainsi le début de la structure tiendra debout. ferme. Fixez fermement l'extrémité du cinquième fer dans la cavité cérébrale en la remplissant de plâtre ou en la calant avec des morceaux de bois, et vissez l'extrémité inférieure en place. Maintenant, enroulez Excelsior sur les jambes à la taille et à la forme appropriées ; recouvrez-le d'une fine couche de coton. Placez ensuite sur le corps des sections d'Excelsior ayant exactement la forme et la taille de la vie, et recouvrez d'argile. Le col doit maintenant être formé de la même manière ; bien sûr, pour que toutes les pièces soient exactes, il faut avoir à portée de main le corps naturel qui a été enlevé, ou en avoir la mesure correcte. La peau, dont les os des jambes ont été retirés jusqu'aux ongles des pieds, peut être appliquée de temps en temps pour juger de l'effet. Procurez-vous une feuille de plomb et, si elle est trop épaisse, battez-la ; coupez-le sous la forme du cartilage retiré de l'oreille. Fixez le fil dans ces morceaux de plomb avec les extrémités dépassant vers le bas ; des trous sont percés dans le crâne dans lesquels les extrémités sont introduites, formant ainsi le support et maintenant les oreilles en bonne position. Alimentez les muscles du crâne avec de l'Excelsior et de l'argile ou du papier mâché , puis ajustez fermement la peau et cousez. Remplissez les lèvres et le nez de papier mâché ou d'argile et façonnez -les. Les instructions ci-dessus, si elles sont suivies, donneront un spécimen monté, mais je ne peux pas transmettre les idées qui doivent enseigner à l'étudiant l'équilibre exact, le gonflement du muscle, la forme exacte de l'œil qui donnera vie et beauté au sujet dans main; tout cela doit venir de la patience, de l'étude et d'une longue pratique, car les taxidermistes habiles ne naissent pas immédiatement, mais nécessitent de l'expérience et une éducation minutieuse.

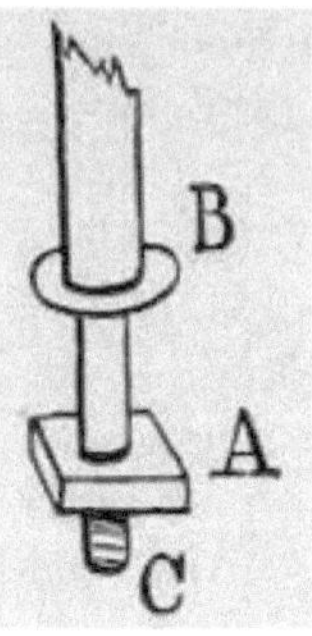

FIGURE 17.

SECTION III. : MONTAGE DE PEAUX SÉCHÉES DE MAMMIFÈRES. — Les peaux de mammifères doivent être trempées dans une solution forte d'eau d'alun, et lorsqu'elles sont parfaitement molles, s'assurer que les parties au-dessus des lèvres, des yeux, etc., sont assez finement décollées et que chaque partie de la peau est parfaitement souple, puis il doit être humidifié comme décrit.

SECTION IV. : MONTER DES MAMMIFÈRES SANS AUCUN OS. — Si l'on désire pour squelette le crâne d'un mammifère, on pourra faire un moulage de la tête entière avant d'en enlever la chair, en plaçant la tête dans une boîte qui la contiendra et laissera un espace autour d'elle ; verser du plâtre de Paris jusqu'à consistance de crème, jusqu'à ce que la tête soit à moitié couverte environ, qu'il faut placer au fond de la boîte, mâchoire inférieure en bas, laisser durcir le plâtre ; couvrez maintenant la surface supérieure du plâtre avec de la peinture, de l'huile, ou collez du papier dessus. Remplissez ensuite la boîte avec du plâtre frais : une fois celui-ci bien pris, retirez le côté de la boîte et ouvrez le moule où a été réalisé le joint avec la peinture ou le papier. Retirez la tête, puis faites un trou dans le moule à la base du crâne, dans lequel on pourra couler le plâtre pour la tête. Peignez ou huilez partout l'intérieur du moule , assemblez les pièces, puis nouez fermement et versez le plâtre pour le moule ; puis insérez le boulon de la tête dans le trou et laissez le plâtre prendre autour. Retirez le moule en découpant des morceaux avec un ciseau jusqu'à ce que la surface de la peinture soit exposée. Si la tête est grosse et lourde, on peut placer au centre une grosse boule d'Excelsior, dans laquelle le boulon est solidement fixé , mais elle doit être recouverte d'une fine couche d'argile pour la rendre imperméable au plâtre. Les lèvres et autres espaces nus doivent être peints de la couleur de la vie, avec de la peinture mélangée à du vernis, en comblant d'abord les imperfections avec de la cire de paraffine.

On peut faire des moulages en cire des plus grands, pour en faire un moule
en plâtre.

CHAPITRE IX.
MONTAGE DE REPTILES, BATRACIENS ET POISSONS.

La monte de reptiles, de batraciens et de poissons collectés dans ce département ne fait guère partie de la taxidermie. Je ne donnerai que des instructions générales concernant le montage de certaines espèces. Les serpents peuvent être facilement écorchés en coupant une insertion longitudinale à environ un quart de la distance depuis la tête, sur la face inférieure, là où le corps commence à s'agrandir, près de son plus grand diamètre ; la peau peut alors être rapidement retirée dans les deux sens. Quand on atteint l'évent, la peau se détache plus fort, mais pour faire un ouvrage parfait, il faut qu'elle soit écorchée jusqu'au bout de la queue, même si elle se fend ; les yeux doivent être retirés de l'intérieur de la tête. La peau du dessus de la tête ne peut pas être enlevée chez cette classe d'animaux, laissant la mâchoire et le crâne. Bien couvrir de conservateur et retourner la peau. Pour le montage, on pratique deux manières , l'une avec du plâtre, dans laquelle l'orifice intérieur et l'évent sont recousus, et le plâtre est versé dans la bouche jusqu'à ce que le serpent soit rempli. Il est bon cependant de placer un fil de cuivre sur toute la longueur de l'animal pour le renforcer ; puis avant que le plâtre ne durcisse, placez le serpent dans la bonne attitude. Ce genre de travail demande de la pratique, car il faut faire attention à l'attitude dans laquelle on souhaite placer l'animal, car le plâtre commence à prendre assez rapidement ; Cependant, pour le faire prendre plus lentement, ajoutez un peu de sel. La bouche doit être remplie d'argile ou de plâtre. Il faut veiller à ce que l'eau ne s'accumule dans aucune partie de la peau et celle-ci doit être percée de temps en temps avec un poinçon pour permettre à l'eau de s'échapper. La peau d'un serpent peut être remplie de papier mâché en travaillant de petits morceaux vers le bas ; puis insérez un fil et placez-le en position. La peau a besoin d'un certain temps pour sécher et, dans les deux cas, placez le reptile monté dans un endroit sec, où il séchera rapidement, car la peau est susceptible de se décomposer si elle est conservée dans un endroit humide.

SECTION I. : LÉZARDS MONTEURS, ALLIGATORS, ETC. — Les reptiles de cette description doivent être écorchés comme les mammifères, par une insertion longitudinale faite dans l'abdomen. La peau du sommet de la tête ne peut cependant pas être retirée. En montage, on procède exactement comme chez les mammifères, mais comme il n'y a pas de poils pour cacher les défauts, tout le coton, l'excelsior, etc., enroulé sur les os doit être très lisse. Les attitudes de toute cette classe d'animaux sont susceptibles d'être raides et disgracieuses, même dans la vie ; mais en courbant ou deux la queue, en tournant la tête ou en courbant légèrement le corps, on peut éviter une trop grande rigidité.

SECTION II. : MONTER DES TORTUES. — Pour retirer la peau d'une tortue, coupez une partie carrée du dessous de la carapace à l'aide d'une petite scie prévue à cet effet. Retirez ensuite la partie la plus molle par ce trou, et retirez les pattes et la tête comme chez les mammifères ; mais le sommet de la tête ne peut pas être écorché. Lors du montage, procédez aussi près que possible que chez les mammifères, seules les pattes peuvent être remplies d'argile ou de plâtre en petits spécimens. Il faut veiller à ne pas trop remplir la peau ; mais laissez les rides apparaître, telles qu'on les voit dans la vie, et imitées aussi fidèlement que possible.

La carapace de la tortue à carapace molle, comme celle de la tortue luth, est assez difficile à maintenir en bon état et peut se déformer en séchant. La seule méthode qui m'est venue à l'esprit est de recouvrir le corps, ainsi que les parties exposées, de couches de plâtre, qui maintiendront la coque en place jusqu'à ce qu'elle soit sèche, lorsqu'elle pourra être retirée.

SECTION III. : MONTAGE DES POISSONS. — Les poissons sont assez difficiles à écorcher, surtout ceux qui ont des écailles. Dans les poissons plats, j'enlève une partie d'un côté et j'écorche l'autre ; puis, en montant, couchez l'animal sur le côté. Dans ce cas, le montage signifie remplir le poisson à sa taille naturelle avec du coton, du câble ou tout autre matériau disponible. Le plâtre ou l'argile répondront également. Les ailettes peuvent être épinglées à plat contre du carton ou mises en place avec un fil fin.

En écorchant les poissons plus gros, ou ceux qui n'ont pas d'écailles, ou les poissons écaillés qui ont un corps de forme cylindrique, s'ouvrent par le dessous en coupant presque toute la longueur du corps. La peau de certains poissons se détache facilement, tandis que chez d'autres, elle est plus difficile à retirer. Lors du montage de gros poissons, utilisez un noyau dur pour le corps, fait de fil de fer ou de bois. Les ailerons doivent être câblés de l'intérieur ; il faut veiller à ce que la peau repose doucement sur la surface en dessous, car elle se manifeste considérablement en séchant, ainsi que toutes les imperfections qui l'entourent.

Pour conserver les peaux de tous les reptiles et poissons, le traitement dermique sera excellent, particulièrement pour éliminer l'huile des peaux, etc. Couvrez bien avec le conservateur, et rien de plus ne sera nécessaire. Les peaux de cette classe d'animaux peuvent être conservées pour un montage futur en les enduisant simplement du conservateur, et conservées à l'envers sans remplissage. Lorsqu'on veut les monter, jetez-les dans de l'eau dans laquelle on a dissous une petite quantité de dermique. Lorsqu'elles sont tendres, retournez-les et montez-les comme dans des peaux fraîches.